猫诊所
经营与管理

黄雅华　杨馥榕◎主编

中国劳动社会保障出版社

图书在版编目（CIP）数据

猫诊所经营与管理 / 黄雅华，杨馥榕主编 . -- 北京：中国劳动社会保障出版社，2024

ISBN 978-7-5167-6372-8

Ⅰ. ①猫…　Ⅱ. ①黄… ②杨…　Ⅲ. ①猫 - 饲养管理 - 中等专业学校 - 教材　Ⅳ. ① S829.35

中国国家版本馆 CIP 数据核字（2024）第 103213 号

中国劳动社会保障出版社出版发行

（北京市惠新东街 1 号　邮政编码：100029）

*

北京谊兴印刷有限公司印刷装订　新华书店经销

787 毫米 ×1092 毫米　16 开本　8.75 印张　164 千字

2024 年 7 月第 1 版　　2024 年 7 月第 1 次印刷

定价：26.00 元

营销中心电话：400-606-6496

出版社网址：http://www.class.com.cn

本书编审人员

主　编　黄雅华（广州市技师学院）

　　　　　杨馥榕（广州市技师学院）

副主编　洪国平（深圳市联合宠物医疗管理有限公司）

　　　　　黄　勇（广州市技师学院）

　　　　　李采瑶（广州市技师学院）

　　　　　高德宝（广州市技师学院）

参　编　陈朝桐（深圳市联合宠物医疗管理有限公司）

　　　　　唐晓霞（广州市技师学院）

审　稿　谢金富（广州市技师学院）

　　　　　吴玄光（华南农业大学）

　　　　　周颖泽（深圳市联合宠物医疗管理有限公司）

　　　　　张　君（广东科贸职业学院）

前 言

Preface

随着我国经济社会的发展，宠物已成为人们的亲密伴侣，养宠物成为许多人休闲生活的新方式。宠物猫因可爱乖巧、独立性强、不需要花太多精力照顾等特点而受到越来越多人的喜爱，成为最受欢迎的宠物之一。

由于宠物主人对宠物的健康状况和生活质量越来越关注，宠物诊疗行业得以快速发展。近年来宠物医院规模不断扩大，宠物医院管理逐渐制度化和精细化，宠物医院也开始出现分科专业精细化发展，猫诊所也就应运而生。猫诊所是专业从事宠物猫疾病预防和治疗、日常健康护理、科学美容等业务的场所。在竞争激烈的宠物诊疗行业中，猫诊所要突出重围，需要加强经营与管理，提高从业人员的专业水平和职业素养。

经营与管理是一门通用学科，但是不同行业的经营与管理却大不相同。本书独创性地描述猫诊所的经营与管理，将现代管理理论与猫诊所经营与管理相结合，进行系统、科学、清晰的梳理。本书以培养高素质技术技能人才为目标，根据猫诊所的实际发展需求，组织从事宠物专业和管理专业教学的专业骨干教师和企业专家共同编写，在安排编写任务时，根据每位编写人员在各自领域的特长进行分工，以保证本书的质量和特色，以及能与实际工作紧密衔接。

本书既适用于中职类院校宠物专业、商贸经管类专业学生学习使用，也可用作猫诊所员工的岗位培训教材以及社会人士的创业参考读物。

本书在编写过程中得到了多位宠物行业专家的大力支持，特别感谢深圳联合宠物医疗管理有限公司提供的帮助及技术支持。此外，本书参考了同行专家的一些文献和资料，在此谨向相关人员致以诚挚的谢意。

由于编者水平和经验有限，书中遗漏、不妥或错误之处在所难免，恳请同行和读者不吝赐教，提出宝贵意见，在此表示诚挚谢意。

目 录

Contents

项目一 01

猫诊所营业筹备

▶ 项目描述

猫诊所在建立之初要进行全面的企业规划，通过市场调研、市场定位、制定目标、设计商业模式、选择经营策略、诊所选址与建设、组织机构设计与人员招募等环节打造企业竞争优势。猫诊所开业后相当长时间里，经营者都要经常核检企业规划方向是否正确，必要时应及时进行修正。当诊所达到营收平衡，步入平稳经营阶段时，经营者仍要定期核检企业规划，确保当前规划在3～5年内有效。当猫诊所经营进入滞涨期或到达涨跌临界点时，经营者必须重新进行企业规划，以谋求突破、蜕变或逆袭的途径。

▶ 建议学时 12学时

学习任务1.1 猫诊所选址（4学时）

学习任务1.2 猫诊所设计（4学时）

学习任务1.3 猫诊所证照办理（4学时）

学习任务 1.1 猫诊所选址

学习目标

能描述选址的基本原则、基本要求和调研方法，并确定猫诊所选址。

建议学时

4 学时

任务描述

开办猫诊所，选址是首要问题，也是影响猫诊所未来发展前景的重要因素。选址需要综合考虑市场定位、商圈、人流、交通、顾客群体、商铺位置、商铺租金等情况，结合市场调研结果，最终确定合适的商铺位置。

任务分析

猫诊所的选址首先要了解选址的基本原则和基本要求，然后通过市场调研分析周边人群的规模和特点、宠物猫的数量情况、同行竞争情况、交通的便利性、附近商家的特点等，确定选址和市场定位。

相关知识

一、选址基本原则

1. 客流量优先

对于猫诊所而言，诊所周围养猫的人群规模直接决定诊所现有的客流量，周围人群是否有养猫的意向则影响诊所未来的顾客数量。猫诊所应优先选择养猫人群规模大、养宠物意向强的地方，如养猫人群的聚集地、中高档小区附近等。

2. 先进商圈优先

先进商圈意味着周边商业设施齐全，顾客就诊等待期间或者就诊后可以逗留或游玩，能够吸引更多的顾客愿意前来。同时，先进商圈一般具备良好的发展环境，为猫诊所的发展提供空间。

3. 交通便利优先

猫诊所选址的时候一定要优先选在交通便利的地方，在方便顾客前往的同时也有利于猫诊所所需物资的运输。猫诊所附近应有停车位或者周边 1 km 内有停车场。不要选址在狭窄的街道旁，过于拥挤的环境容易影响消费者的心情，交通不便利会流失很多意向顾客。

二、选址基本要求

1. 诊所位置要求

在猫诊所选址时，首先，应根据自身的市场定位去选择相应的地理位置，比如以高端顾客人群为目标，则可以选择繁华的商业区或成熟的社区作为店址；其次，应调查商铺周边居住人群的消费水平以及养猫的数量，并且注意周围猫诊所的分布情况；最后，选址时要选择交通便利、地理位置适合、附近有停车位的场所。

选址对成功开设猫诊所非常重要，如果选址时考虑不够全面，那么就很有可能在以后的经营发展过程中错失良机，甚至付出沉重的代价。猫诊所在选址时还应注意以下事项。

（1）猫诊所选址要远离政府办公地点、大型企事业单位、幼儿园、学校、医院等人员密集公共场所。

（2）猫诊所距离动物饲养场、动物屠宰加工场所、经营动物的集贸市场不少于 200 m。

（3）猫诊所设有独立的出入口，出入口不得设在居民住宅楼内或者院内，不得与同一建筑物的其他用户共用通道。

（4）猫诊所最好临街，优先选择市场主干道或区域主干道（不考虑快速道路）。

（5）猫诊所不处于商场内部（商场内部诊所无法注册诊疗许可证）。

（6）猫诊所周边 1 000 m 内最好拥有 3 个以上 1 000 户以上的社区。

（7）猫诊所周边 2 000 m 内最好有免费公园或养宠人群较为集中。

（8）猫诊所门前最好有空地，附近 200 m 范围内有停车场或停车位。

（9）猫诊所门前无市政广告牌等遮挡物。

（10）猫诊所门前无地铁等大型项目施工。

（11）猫诊所门前地面不得高于诊所内部。

2. 诊所建筑结构要求

猫诊所的建筑结构要求比较复杂，专业性极强，在设计过程中要进行多方面考虑。

不仅要考虑到完成医疗技术操作的需要，还要考虑宠物猫、宠物主人以及医护人员的感受。只有合理的建筑结构才能设计出温馨、舒适、优美的就医环境，才能为猫诊所带来更好的效益。猫诊所的建筑结构应满足以下几个条件。

（1）猫诊所应为独立商铺，最好开设在建设物的首层或第二层（二层必须有单独楼梯），不开设在夹层或二层以上。

（2）建筑物楼层间高度保证在 2.8 m 以上（按最矮梁底计算），如果需搭建隔层，总层高应高于 5 m，且一楼层高不得低于 2.75 m。

（3）建筑物门窗最好是可改装为落地式大玻璃结构的。

（4）建筑物具备足够的配电功率和完善的水电、消防设施。

（5）建筑物内有正常的排水、排污通道，有卫生间。

（6）建筑物内有可供安装空调、新风系统的位置。

（7）建筑物的平面结构为长方形或正方形。

3. 诊所面积要求

在选址的时候，面积是其中一个重要的考虑因素。首先，动物诊疗场所使用面积要符合省、自治区、直辖市人民政府农业农村主管部门的规定；其次，猫诊所面积应根据品牌形象、消费人群、市场空间、不同类型门店等综合因素而定。

4. 诊所租赁要求

在确定猫诊所地址后，商铺的租赁需要注意确认一些事项，例如合同、租期、租金、房屋状况等，以避免出现不必要的纠纷。

（1）租赁合同的注意事项

1）在合同内应写明付款方式及收款开户银行、户名、账号。

2）在合同中明确于何种条件下可调整房租，并将租金调整幅度事先在合同中约定。

3）在合同中明确商铺装修期是否免租、租约到期之后装修物的归属、商铺是否应恢复原状等。最好存档商铺原始照片，并注明使用材质，作为日后原状归还的证明。

4）在合同中明确租约到期后是否可以继续承租。

5）在合同中明确双方违约条款。

6）确保合同签署者是房屋权利人。

（2）商铺状况注意事项

1）确认商铺是否可以建设猫诊所。

2）了解该商铺以及所在商圈的商业规划和有关政策等。

3）商铺的产权一定要清晰、合法、无纠纷，租赁前要确认商铺产权状态，避免租赁有产权问题的商铺。

三、选址市场调研

在初步定位选址后不要急于确定具体位置，应调查目标地区内有多少家猫诊所、各自辐射半径是多少（普通猫诊所服务半径小于 1 km）、有没有差异化特色优势、社群内居住人口多少等。人口构成和消费水平可以通过社区周边的配套生活设施推断。

有了初步判断后，应设计和投放一套调查问卷，通过他人来佐证判断。调查问卷可以包括以下内容：您会定期给猫体检吗？您会为猫洗牙吗？您在网上购买宠物用品的理由是什么？如果请您推荐一家宠物医院，您会推荐哪一家，为什么？尽量设置有针对性的问题，从多维度开展调查。然后利用调查问卷所得资料，结合宏观数据、行业形势以及现有资源（资金、人才、合作商、顾客）进行 SWOT 分析，从而确定选址。

案 例

小黄和他的团队准备创办一家猫诊所，初步选址后进行市场调研，发现有一家综合型宠物诊所是他们的竞争对手。通过 SWOT 分析得出如下结论。

strengths（优势）：

小黄的团队由毕业于知名专业院校的博士生组成，与只有两名医师的竞争对手相比具备技术专业优势。对于综合诊所而言，猫专科诊所更具有专业性。

weaknesses（劣势）：

小黄的猫专科诊所为新诊所，顾客基础为零，且没有实际运营猫诊所的经验，猫专科诊所的定位会导致无法吸引其他宠物主人，并且运营成本高于竞争对手。

opportunities（机会）：

猫诊所的高端定位和差异化服务能争取一部分高端顾客以及一部分对专科服务敏感的顾客。

threats（威胁）：

作为市场进入者，需要接受动物卫生监督机构的监管并且会受到原有宠物诊所的抵制。

任务实施

一、工作流程图（见图 1-1-1）

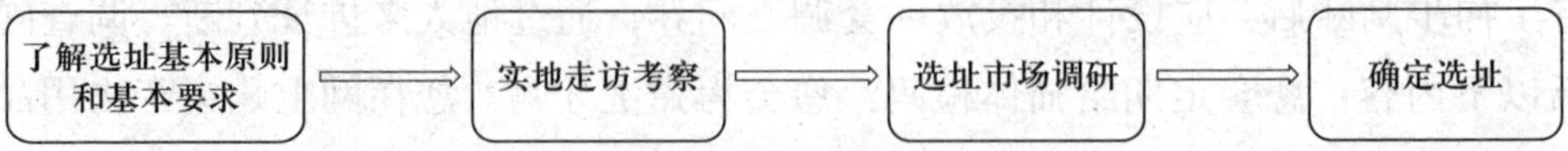

图 1-1-1　工作流程图

二、任务实施过程

步骤 1：了解选址基本原则和基本要求

了解选址基本原则和基本要求，包括商圈、人流、交通、顾客群体、结构、面积、产权、租赁租金等内容。

步骤 2：实地走访考察

完成初步选址后，实地走访考察商铺的位置、结构、面积、产权、租赁、人流等情况，详细记录。

步骤 3：选址市场调研

分析周边人群的规模和特点、宠物猫的数量情况、同行竞争情况、交通的便利性、附近商家的特点等，并进行 SWOT 分析。

步骤 4：确定选址

根据实地走访考察和市场调研，确定商铺选址，完成开办一间猫诊所的第一步。

任务拓展

假设需要在某地铁站商圈创办一家综合型猫诊所，请制定一个选址方案，并确定最终的选址结果。

学习任务 1.2 猫诊所设计

学习目标

能规划、设计猫诊所。

建议学时

4 学时

任务描述

猫诊所已完成商铺的选址，现需按照猫诊所的设计原则和实际需要完成装修设计。

任务分析

对于猫诊所而言，选址之后的装修设计非常重要。依据猫诊所的设计原则，应在综合考虑店铺平面图、是不是专用猫诊所、功能区域的布置等基础上，确定功能区域划分及其对应的建设基础条件和装修要求，完成猫诊所的设计。

相关知识

一、设计目标

猫诊所设计的核心是保证猫诊所可以顺利开展诊疗工作，确保医护人员的各项工作能够高质量、高标准开展。猫诊所的设计标准应该在宠物诊所的基础要求上，增加针对猫物种需求的设计，如体现“猫友好”，“猫友好”设置的目的是降低猫在临床诊疗中发生应激等不利因素的可能性。“猫友好”诊所注重猫的天性保护，注重猫的动物福利。在“猫友好”诊所设计中，除了将诊疗质量作为追求，也应该将猫体验与顾客体验提升加入质量追求之中。

二、设计原则

（1）合法性原则。猫诊所的设计应符合国家相关法律法规的要求。

（2）合理性原则。猫诊所的设计应符合动物医学与猫诊所经营的原则。

（3）区域分离原则。猫诊所应做到健康猫与非健康猫分离、门诊区和住院区分离、开放区与封闭区分离。

（4）动物福利原则。猫诊所应严格遵从动物福利的要求，将动物福利的“五大自由”（享有不受饥渴的自由，享有生活舒适的自由，享有不受痛苦、伤害和疾病的自由，享有生活无恐惧和无悲伤的自由，享有表达天性的自由）融入设计之中。同时在设计过程加入“猫友好”元素，体现人文关怀与动物福利。

三、基本空间布局与装修要求

1. 基本区域

为了完成猫诊所的基本职能，猫诊所在进行设计规划时必须包括以下区域。

（1）健康区。健康区主要包括：前台接待区、商品销售区、候诊区等。

（2）诊疗区。诊疗区主要包括：猫诊室、住院部（ICU、普通病房）、处置区、留观区、隔离室、手术室、美容室等。

（3）功能区。功能区主要包括：药房、化验室、医学影像检查室等。

2. 主要区域的装修要求

（1）前台接待区及商品销售区（见图 1-2-1）。为提升顾客体验，猫诊所前台吧台设计长度最好超过 1.2 m，确保满足放置办公电脑的空间以外，还能容纳顾客挂号时放置的猫包。同时，前台还应设置相应储物处，用于放置减轻猫应激的猫包覆盖布、“猫友好”信息素等物品，前台最好设置一些用于与猫互动的小玩具、试吃用品甚至猫爬架等设施，以供顾客增加互动体验。

图 1-2-1　前台接待区及商品销售区

对于商品销售区，商品应归类清楚、标识清晰，方便顾客挑选。在销售区设置猫健康相关科普也非常重要，这个细节不仅可以增进顾客的猫健康意识，也有助于商品销售。商品销售区还可以设置诊所内专科的相关商品栏，如牙科商品专柜，便于宣传猫诊所专科。

（2）候诊区（见图 1–2–2）。候诊区是顾客等待候诊的区域，有可能是顾客在猫诊所内等待时间最长的区域，在猫专科诊所中该区可以与前台合并。但在犬猫分诊的诊所，该区为重点设计项目。

图 1–2–2　候诊区

猫独立候诊区是对“猫友好”服务的最佳体现。独立候诊区内应设置舒适的等待休息区，同时应有安全稳固的猫包放置区域，以供顾客摆放猫包。当猫在猫包内时，要求最低放置高度不应低于 1 m，以保证猫保持良好状态，不易应激。若猫跟随主人放置于座椅上，可提供覆盖物保证猫安全舒适的需求。

可以在候诊区内放置猫健康科普的宣传画或者读物，以便顾客等候时阅览，同时设置水吧，放置一些糖果、点心等，给予顾客良好的接待体验。

应在猫独立候诊区外张贴“仅人、猫可入内”的相关告示，并张贴提醒控制音量与保持卫生的相关标识，保证候诊区内的良好环境。如果有条件，猫诊所可在顾客可见处设置分贝仪、温湿度计等，使顾客能直观认知候诊区环境。

（3）猫诊室（见图 1–2–3）。猫综合诊室的设置与普通诊室基本一致，可查看了解相关普通诊室要求。猫诊室要求灯光亮度必须可调节，且偏向于暖光源。这是因为猫在强光环境下可能会增加应激的可能性，猫诊室对光强的要求为：距离地面 1 m 处亮度不超过 400 lx。诊室设计时还应考虑噪声问题，可选用一些隔音材料。为体现诊所可视度，诊室墙面可适当选用一些玻璃，但要避免大面积使用玻璃，因为过高曝光度容易增加操作时猫发生应激的可能性。

图 1-2-3　猫诊室

为了体现猫诊所特色，诊室内还应增加一些满足猫需求的物品与一些猫元素。比如，猫诊室的台面应使用光滑易消毒材料，但实际使用时，应在光滑表面上铺设毛巾或者其他不光滑材料，以保证猫不会在就诊过程中挣扎打滑加重应激，体现诊疗操作的友好。诊室的猫信息素设置也非常关键，最好告知顾客使用信息素的用意，增加其“猫友好”体验。诊室还需要设置一些诱导用玩具（应可消毒）、诱导食物（最好使用顾客自带食物），用于诱导猫离开猫包，减轻猫就诊应激；同时可以设置 1～2 个可从顶部打开的躲避箱，供猫逃跑时选择，这个设置可以避免猫逃跑之后躲避到一些死角无法抓回。

诊室应围绕猫就诊过程的需求进行设置，其他“猫友好”的设置也可以考虑增加到诊室的设计环节中。

（4）处置区。处置区为医护人员工作区域，原则上属于封闭区域，应谢绝顾客参观。处置台、供氧设备、输液泵、保温设备、急救车等核心工作设施应合理设置。处置台可考虑设置干、湿两种形态，诊所内必须至少有一个带水位布置的湿用工作台。通常来说，猫用处置台可以设计小一点，但要满足能够多人协作的要求。

（5）化验室和药房。化验室与药房原则上应该严格封闭，如果有条件应保证各为独立空间。化验室在设计时应将器材摆放一并设计完成，同时预留相应电源、网络接口。

药房应设置大量储物空间与操作区域，操作区域应为易清洁平面，方便药物配制与后续清洁。

（6）医学影像检查室

1）超声诊室。超声诊室设计应符合医师使用习惯，将超声仪设置于医师左手边，动物诊台设置于右手边，便于医师操作。同时，判读超声影像时要处于低亮度环境，因此超声诊室的墙壁材料不可选用透光玻璃，避免外界亮度干扰影像判读。如果有心脏超声项目，还应注重周围环境的噪声控制，可选用隔音材料作为墙壁。

2）DR（digital radiography，数字 X 射线摄影）检查室。考虑到人员安全，DR 检查室墙壁应选用防辐射材料，同时将计算机外接到外部进行操作，减少医护人员所受到的辐射。同时，DR 检查室内应配有 DR 防护服等防护装备。DR 检查室开展作业前，应向当地有关主管部门进行申报，经许可后方可开展。

（7）手术室。手术室的装修需要符合手术操作要求的标准和条件。例如，手术室需要有适当的通风系统，以确保手术过程的安全性和无菌性；手术室需要有足够的光线和照明，以便于手术医师和护士的操作；手术室需要配备适当的手术设备和手术材料，以满足不同手术的需要；手术室的空间布局需要合理，以便于手术医师和护士的操作和移动等。

（8）住院部（见图 1-2-4）。住院部设计应兼顾实用性与动物福利。住院部猫笼具应为实底金属笼，底面积最好不小于 3 600 cm^2，高度不低于 60 cm，笼内设置多层爬架。笼具不能面对面摆放。住院部内光照强度不应过强，以暖色光为主。住院部气味管理非常重要，设计时应考虑新风系统管道布置，进风口不靠近猫笼，出风口不直对猫笼。声音控制也是住院部设计时考虑的重点，应安装分贝仪监督环境噪声，防止猫应激。同时，住院部内还应设置一些“猫友好”细节，如专笼专用的猫砂铲，在长期住院笼位中增设丰容道具，使用猫信息素、猫挡笼布等。

图 1-2-4　住院部

（9）隔离室。隔离室设计时应符合隔离需求，隔离室内应使用与手术室类似的易清洁、耐腐蚀涂层以便后续清洁消毒，同时设置该区为负压环境，且避免设置在院内主要干道上。隔离室笼具设置一般无需过多，但患不同传染病的猫不可共用同一隔离室，避免发生交叉感染。诊所内如果有条件，应设置两个或以上的隔离室。

（10）美容室。美容室为猫诊所附加科室，一般需配备储水式热水器、水池、SPA机、吹水机、吹风筒、烘干箱、空调、紫外线消毒灯等工作设备。因美容烘干过程会有较大噪声，美容室设计上通常采用隔音玻璃作为墙体，且不应与诊室或住院部相邻。

案 例

项目名称：联合宠物医院××分院装饰工程。

项目地址：略。

项目属性：旧铺改造。占地面积175 m^2。

1. 设计需求

（1）前台大厅需要有大于25 m^2 的空间，且配备候诊区。

（2）美容室应设置在靠近大厅的区域，方便顾客到店通过前台登记过后便能尽快进入美容室。美容室应有玻璃墙体，让顾客能观察到美容工作。

（3）专科发展建设需有牙科和外科的单独诊室，用来接待有专科方面困扰的顾客，外科或者牙科诊室可兼做犬诊室。

（4）设置猫独立候诊区。

（5）DR室设置于手术室隔壁，方便宠物拍片后及时手术，也方便术后拍片。

（6）ICU笼设置于处置区中，方便观察危重动物。

（7）犬猫住院部应完全隔离。

2. 设计创意（见图1-2-5、图1-2-6）

（1）整体分院布局流动通畅，进门为宽敞大厅。

（2）大厅右侧为美容室，美容室墙体使用玻璃，方便顾客观看美容过程。

（3）设立两个专科诊室，体现专科专业度。

（4）大厅左侧为独立猫候诊区，综合动物福利与诊疗质量的考量，提供一个单独、舒适、静谧的环境给猫，降低猫应激发生率，提升顾客体验，确保诊疗质量。

（5）中心地带设置处置区，方便医师看诊完成后及时完成后续工作。

（6）ICU设置于处置区内，方便及时观察危重动物的病情变化，保证动物得到良好照顾。

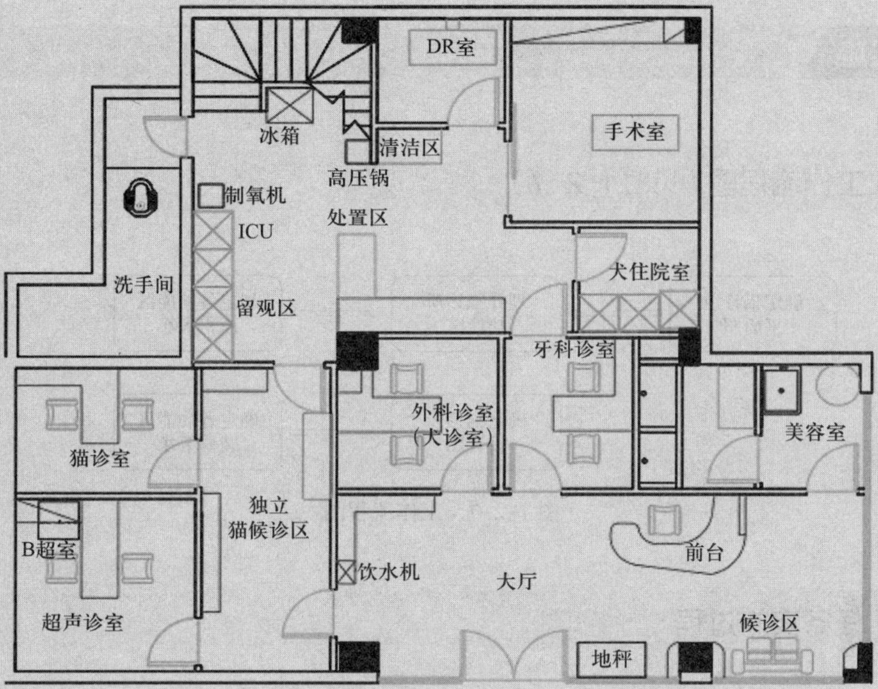

图 1–2–5　一层设计图

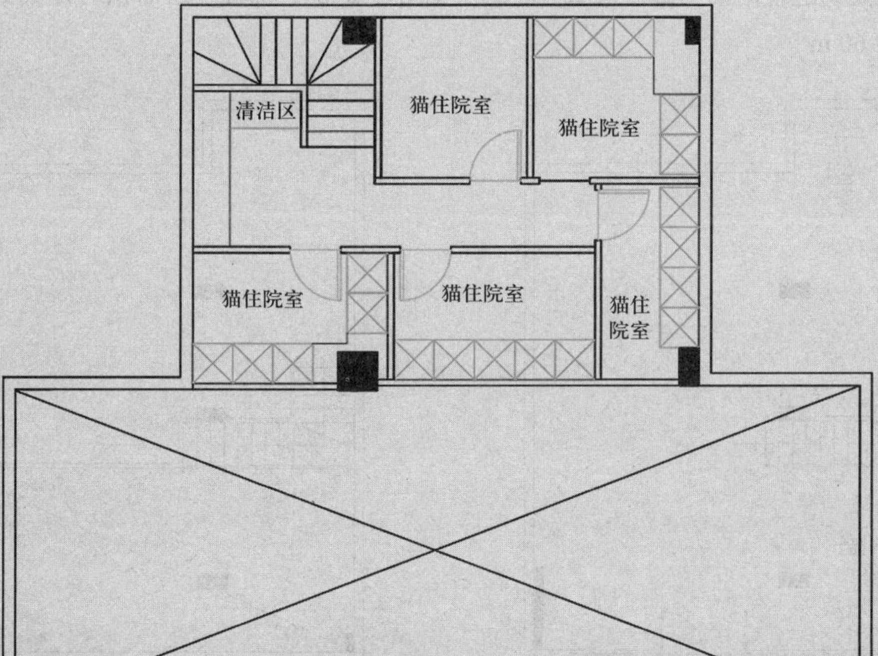

图 1–2–6　二层设计图

任务实施

一、工作流程图（见图 1-2-7）

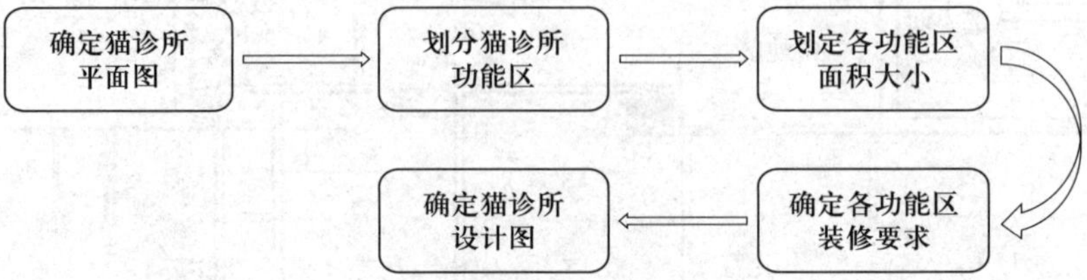

图 1-2-7　工作流程图

二、任务实施过程

步骤 1：确定猫诊所平面图

实地走访选址商铺测量并绘制平面图（见图 1-2-8），商铺一层面积约为 95 m^2，二层面积约为 60 m^2。

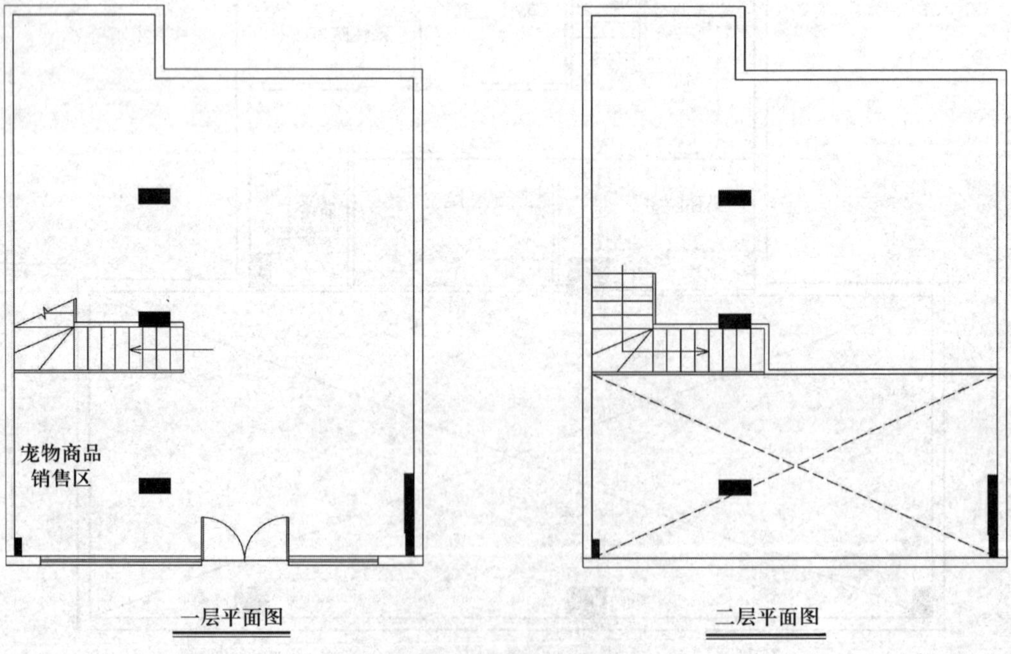

图 1-2-8　商铺平面图

步骤 2：划分猫诊所功能区

商铺一层主要设置前台、商品销售区、候诊区、超声诊室、猫综合诊室、免疫室、处置室（包括化验室和药房）、影像室及手术室；二层主要设置住院室、隔离室、美容室及处置室（包括药房），另外设等候区、员工休息区、洗衣间及洗手间。

步骤 3：划定各功能区面积大小

根据各功能区实际需求，确定各区域面积，见表 1-2-1。

表 1-2-1　各功能区面积汇总

楼层	功能区名称	面积（m^2）
一层	前台	5
	超声诊室	6
	猫综合诊室	5
	免疫室	4
	处置室（包括化验室和药房）	16
	影像室	3
	手术室	10
	商品销售区	7
	候诊区（包括书吧）	17
	其他	22
	汇总	95
二层	住院室（两间）	10
	隔离室	5
	美容室	5
	处置室（包括药房）	10
	等候区	3
	员工休息区	5
	洗衣间	3
	洗手间	2
	其他	17
	汇总	60

步骤 4：确定各功能区装修要求

根据各功能区的实际需求，确定装修要求。

步骤 5：确定猫诊所设计图（见图 1-2-9、图 1-2-10）

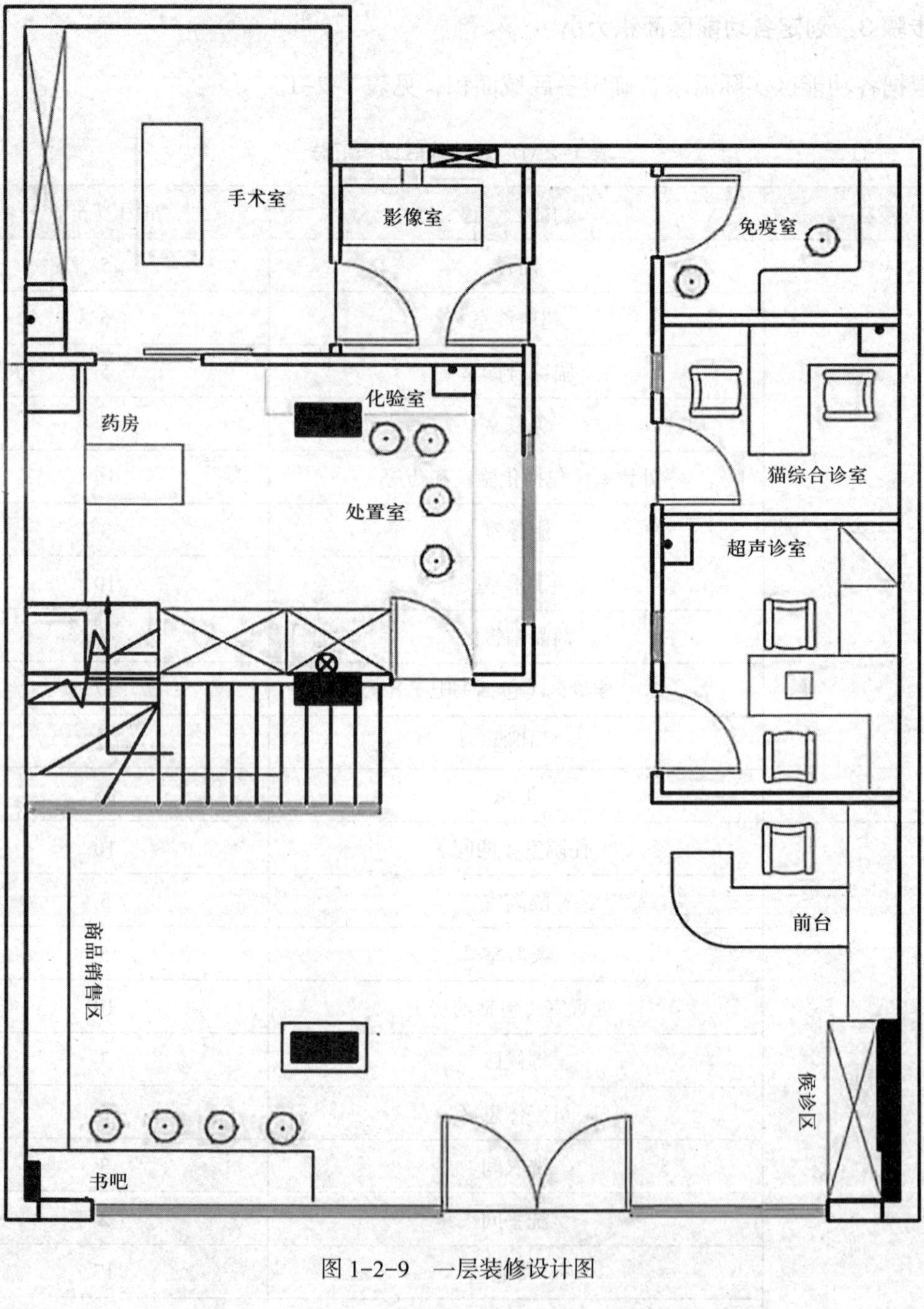

图 1-2-9　一层装修设计图

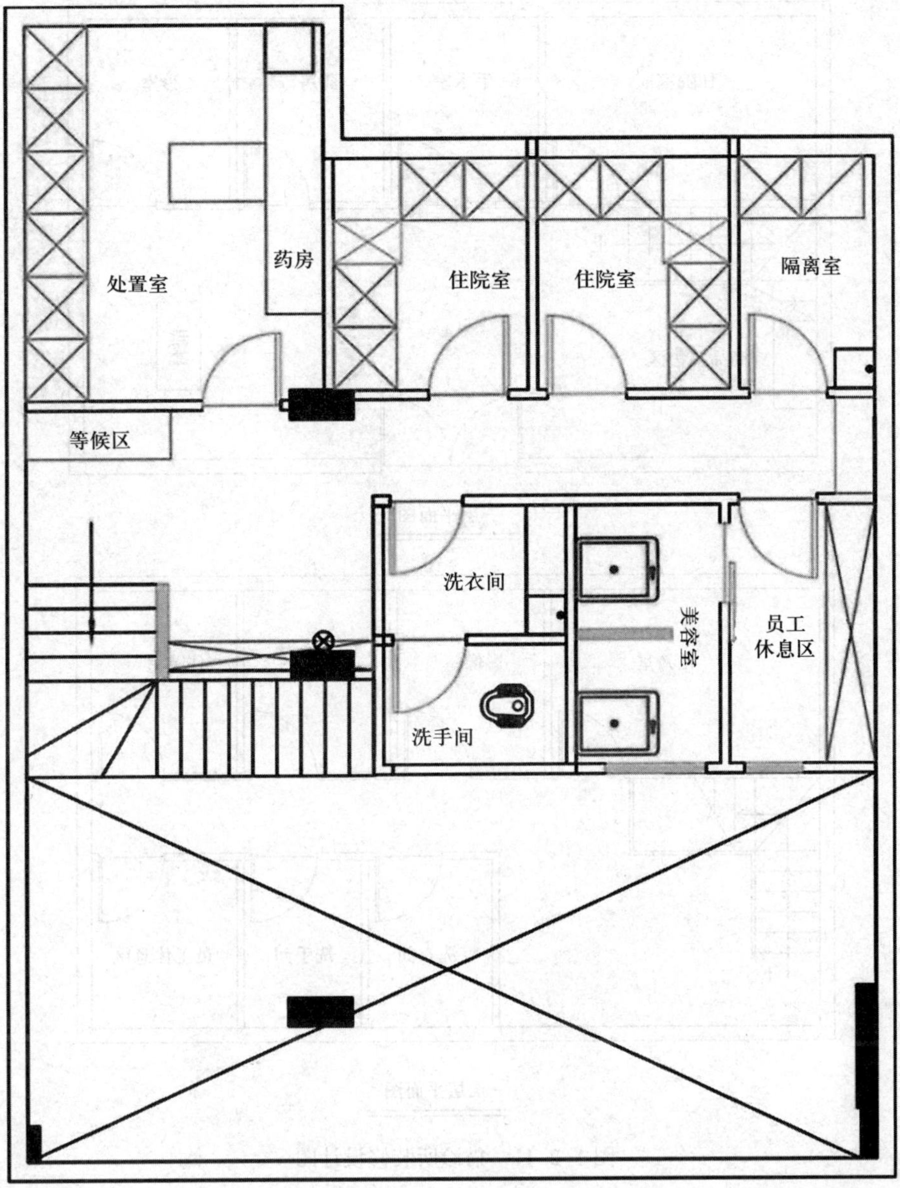

图 1-2-10　二层装修设计图

任务拓展

一间两层楼的猫诊所（见图 1-2-11）存在区域划分不清晰等问题，请提出修改意见并进行改造，重新绘制装修设计图。

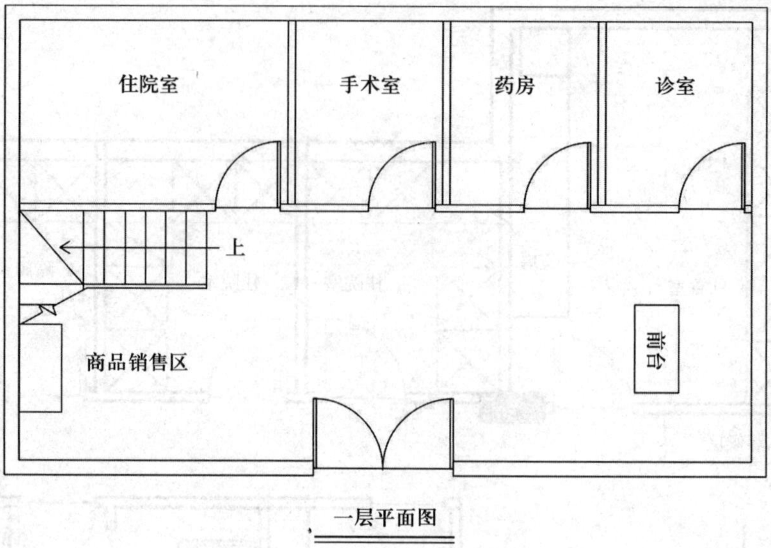

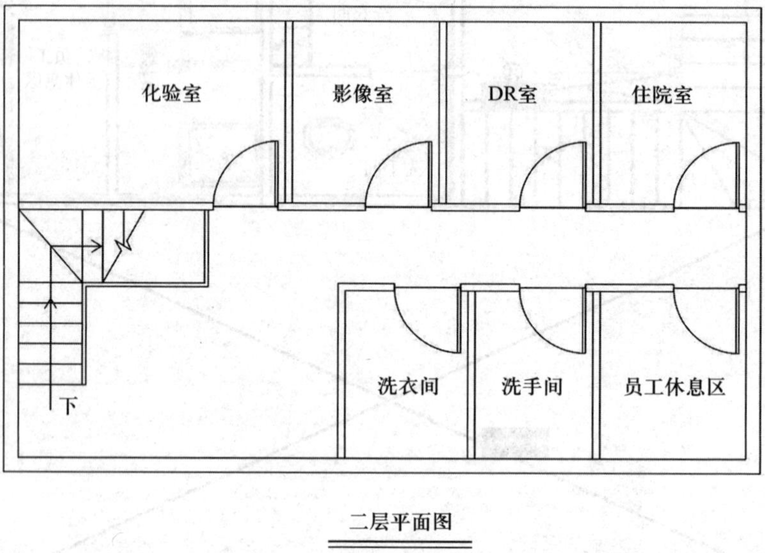

图 1-2-11　猫诊所装修设计图

学习任务 1.3　猫诊所证照办理

学习目标

能按照有关法律法规规定办理营业执照、动物诊疗许可证等开办动物诊所所需的证照。

建议学时

4学时

任务描述

猫诊所已完成选址、设计和装修，下一步将进行猫诊所的营业筹备，主要包括：办理营业执照、动物诊疗许可证、环境影响评估报告和辐射安全许可证，确保诊所能够顺利开业经营。

任务分析

营业筹备是猫诊所开业前的必要准备工作。营业筹备工作的成效将直接影响猫诊所能否顺利开业。营业筹备工作一定要按照相关法律法规的要求，取得相应的许可，办理相应的证照。

相关知识

猫诊所在正式开业前要到市场监管部门、税务管理部门登记注册，动物诊疗属于许可先行的行业，要在正式开业前申办证照，并进行环境影响评价。如果猫诊所开展Ⅲ类及以上射线装置诊断或放射治疗，还要办理辐射安全许可证。

一、营业执照

猫诊所应依据《中华人民共和国企业法》的规定，办理营业执照。

1. 办理流程

（1）核准名称。确定公司类型、名称、注册资本、股东及出资比例后，在市场监督管理局现场或线上提交核名申请。

（2）提交资料。核名通过后，确认地址信息、高管信息、经营范围，在线提交预申请。在线预审通过之后，按照预约时间去市场监督管理局递交申请材料。

（3）领取执照。携带准予设立登记通知书、办理人身份证原件，到市场监督管理局领取营业执照正、副本。

各地办理营业执照具体流程可能因地区和业务类型而有所不同，具体可咨询当地市场监督管理部门。

2. 所需材料

（1）公司法定代表人签署的公司设立登记申请书。

（2）全体股东签署的公司章程。

（3）法人股东资格证明或者自然人股东身份证及其复印件。

（4）董事、监事和经理的任职文件及身份证复印件。

（5）指定代表或委托代理人证明。

（6）代理人身份证及其复印件。

（7）住所使用证明。

二、动物诊疗许可证

猫诊所应依据《动物诊疗机构管理办法》的规定，办理动物诊疗许可证。

1. 动物诊疗机构开设要求

（1）有固定的动物诊疗场所，且动物诊疗场所使用面积符合省、自治区、直辖市人民政府农业农村主管部门的规定。

（2）动物诊疗场所选址距离动物饲养场、动物屠宰加工场所、经营动物的集贸市场不少于 200 m。

（3）动物诊疗场所设有独立的出入口，出入口不得设在居民住宅楼内或者院内，不得与同一建筑物的其他用户共用通道。

（4）具有布局合理的诊疗室、隔离室、药房等功能区。

（5）具有诊断、消毒、冷藏、常规化验、污水处理等器械设备。

（6）具有诊疗废弃物暂存处理设施，并委托专业处理机构处理。

（7）具有染疫或者疑似染疫动物的隔离控制措施及设施设备。

（8）具有与动物诊疗活动相适应的执业兽医。

（9）具有完善的诊疗服务、疫情报告、卫生安全防护、消毒、隔离、诊疗废弃物暂存、兽医器械、兽医处方、药物和无害化处理等管理制度。

（10）动物诊所具有一名以上执业兽医师，动物医院具有三名以上执业兽医师。

（11）动物诊所、动物医院具有布局合理的手术室和手术设备，动物医院具有 X 光机或者 B 超机等器械设备。

2. 申请材料

从事动物诊疗的机构，应向动物诊疗场所所在地的发证机关提出申请，并提交下列材料。

（1）动物诊疗许可证申请表。

（2）动物诊疗场所地理方位图、室内平面图和各功能区布局图。

（3）动物诊疗场所使用权证明。

（4）法定代表人（负责人）身份证明。

（5）执业兽医师资格证书。

（6）设施设备清单。

（7）管理制度文本。

三、环境影响评估报告

猫诊所应依据《中华人民共和国环境影响评价法》的规定，办理环境影响评估报告。

1. 需要具备的基本硬性要求

（1）确定用地性质，除建设用地外均不能立项。

（2）确认企业卫生防护距离内无环境敏感点（学校、居民楼、医院等）。

（3）必须与有专门处理危险废物资质的企业签订危险废物转移合同。

2. 办理程序

（1）由环境影响评估机构预勘察企业现场，确定企业是否具有办理环境影响评估条件。

（2）确认企业的土地性质，建设用地可以立项办理环境影响评估。

（3）由环境影响评估机构编写环境影响评价报告，递交当地生态环境主管部门，进行审批及网上公示。

（4）生态环境主管部门进行现场核查，确认企业无违法行为。对项目生产工艺及所产生的污染物进行环境分析。将分析结果（拟审批意见）与项目周边照片在官网进行公示。

（5）公示结束后，如无异议，生态环境主管部门在规定的工作日内出示该建设项目环境影响报告的批复。

四、辐射安全许可证

猫诊所应依据《放射性同位素与射线装置安全许可管理办法》的规定，办理辐射安全许可证。

1. 申请条件

（1）使用Ⅰ类、Ⅱ类、Ⅲ类放射源，使用Ⅰ类、Ⅱ类射线装置的，应当设有专门的辐射安全与环境保护管理机构，或者至少有 1 名具有本科以上学历的技术人员专职负责辐射安全与环境保护管理工作；其他辐射工作单位应当有 1 名具有大专以上学历的技术人员专职或者兼职负责辐射安全与环境保护管理工作；依据辐射安全关键岗位名录，应当设立辐射安全关键岗位的，该岗位应当由注册核安全工程师担任。

（2）从事辐射工作的人员必须通过辐射安全和防护专业知识及相关法律法规的培训和考核。

（3）使用放射性同位素的单位应当有满足辐射防护和实体保卫要求的放射源暂存库或设备。

（4）放射性同位素与射线装置使用场所有防止误操作、防止工作人员和公众受到意外照射的安全措施。

（5）配备与辐射类型和辐射水平相适应的防护用品和监测仪器，包括个人剂量测量报警、辐射监测等仪器。使用非密封放射性物质的单位还应当有表面污染监测仪。

（6）有健全的操作规程、岗位职责、辐射防护和安全保卫制度、设备检修维护制度、放射性同位素使用登记制度、人员培训计划、监测方案等。

（7）有完善的辐射事故应急措施。

（8）产生放射性废气、废液、固体废物的，还应具有确保放射性废气、废液、固体废物达标排放的处理能力或者可行的处理方案。

使用放射性同位素和射线装置开展诊断和治疗的单位，还应当配备质量控制检测设备，制定相应的质量保证大纲和质量控制检测计划，至少有 1 名医用物理人员负责质量保证与质量控制检测工作。

2. 需要提交的材料

申请领取许可证的辐射工作单位应当向有审批权的生态环境主管部门提交下列材料。

（1）辐射安全许可证申请表。

（2）满足《放射性同位素与射线装置安全许可管理办法》第 13 条至第 16 条相应规定的证明材料。

（3）单位现存的和拟新增加的放射源和射线装置明细表。

任务实施

一、工作流程图（见图 1-3-1）

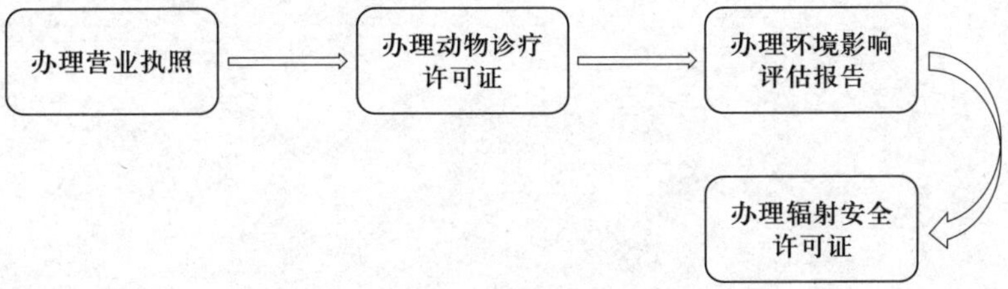

图 1-3-1　工作流程图

二、任务实施过程

步骤 1：办理营业执照

根据企业开设条件、注册营业执照所需资料的要求，到市场监督管理部门、税务管理部门登记注册，办理营业执照。

步骤 2：办理动物诊疗许可证

根据《动物诊疗机构管理办法》的要求，到动物诊疗场所所在地的发证机关提出办理动物诊疗许可证申请。

步骤 3：办理环境影响评估报告

在办理营业执照和动物诊疗许可证的同时，办理环境影响评估报告。

步骤 4：办理辐射安全许可证

如果诊所使用Ⅳ类、Ⅴ类放射源或Ⅲ类射线装置开展诊断或放射治疗，到所在地生态环境主管部门办理辐射安全许可证。

任务拓展

猫诊所已完成选址、设计和装修，接下来应办理营业执照、动物诊疗许可证、环境影响评估报告、辐射安全许可证等证照。请设计一个可以合法合规、科学、快速办理上述证照的方案。

项目二 02

猫诊所营销管理

项目描述

随着时代高速发展，宠物经济进一步发展，并呈现一派欣欣向荣的景象，有越来越多的综合型猫诊所落成，人们也拥有了更多的选择权利。猫诊所的业务已经不仅仅包括诊疗、寄宿、美容，如何进行合理的营销管理，如何实现商业利润最大化，如何说服顾客购买服务，如何在市场存量中脱颖而出，以及如何提高顾客忠诚度、加强黏性成为新的课题。

建议学时　12 学时

学习任务 2.1　猫诊所营销渠道建设（2 学时）

学习任务 2.2　猫诊所顾客经营管理（4 学时）

学习任务 2.3　猫诊所销售管理（2 学时）

学习任务 2.4　猫诊所品牌推广（4 学时）

学习任务 2.1 猫诊所营销渠道建设

学习目标

能根据猫诊所特色，分析顾客对猫诊所的看法和感受。通过服务赢得顾客信任，注重猫的动物福利与猫诊所和其他诊所的差异性。了解猫诊所营销渠道建设要点，能够把营销渠道的功能最大化。

建议学时

2 学时

任务描述

为避免猫诊所在经营过程中遇到营销渠道不畅通等问题，需要对猫诊所进行营销渠道建设，请按照猫诊所的营销原则，制订猫诊所的营销渠道管理计划。

任务分析

在开展猫诊所渠道建设前，需要对诊所进行精准定位，根据营销渠道建设的六个原则和营销渠道的五个作用，对营销渠道进行分类分级建设。根据市场因素、猫诊所自身因素、经济形势及有关法规选择或创新猫诊所营销渠道。

相关知识

一、营销渠道认知

1. 营销渠道的概念和分类

本书中营销渠道的概念指商品和服务从猫诊所向消费者转移过程的具体通道或路径。营销渠道分为直接渠道和间接渠道。

（1）直接渠道：没有中间商参与，产品由制造商直接售给消费者的渠道类型。

（2）间接渠道：有一级或多级中间商参与，经由一个或多个商业环节售给消费者的渠道类型。

2. 营销渠道的作用

（1）承载作用：稳定客源。

（2）调节作用：降低风险。

（3）侵蚀作用：扩大领地。

（4）搬运作用：信息流通。

（5）堆积作用：建立壁垒。

二、营销渠道建设的原则

1. 有效原则

对猫诊所市场进行有效细分，对潜在营销渠道的营销能力、服务能力、维护成本和影响力等因素进行综合分析，使用 SWOT 工具分析营销渠道的优势、劣势、威胁和机会。

2. 效率最大化原则

在规划渠道结构时，除了要考虑市场现有容量、顾客需求、商品特性和地理特征等一般性影响因素，还应考虑合理设计渠道层次关系，减少冲突。

3. 增值原则

通过渠道创新、策略调整、资源整合等方法来提高整个营销价值链的服务增值能力，为顾客提供有针对性的增值服务，以此实现产品的差异化，从而提高顾客的满意度和忠诚度，从根本上减少产品“同质化”所引起的过度、无序竞争；同时，提供增值服务也能使各渠道营销的价值创造能力大大改善，有利于结合各渠道特性，从而增加稳定性和协同性。

4. 协同原则

除了使用不同类型渠道覆盖相应细分市场，更要强调营销链各环节成员间的优势互补和资源共享，这样才能通过企业对营销链的管理，有效提高系统协同效率，提高营销效能，降低渠道运营费用。

5. 竞争性原则

以“人无我有、人有我优、人优我新”为战略指标，以营销链的系统协同为基础，通过逐步扩大市场份额、提升渠道质量和管理水平等竞争手段开展渠道营销。

6. 动态原则

渠道结构要与顾客购买习性的发展变化保持动态平衡。及时复盘研究现有及潜在渠道，尽可能摆脱单一渠道的束缚，适当采用多渠道策略，渠道策略应与猫诊所战略目标相匹配。

三、营销渠道决策需要考虑的因素

1. 市场因素

（1）目标市场范围。市场范围越大，营销渠道越长，反之则短。

（2）顾客集中程度。如果顾客是集中在某一平台的精准用户，可采用短渠道或直接渠道；如果顾客分散于广大地区，则需要中间商发挥更多的作用，宜采用长而宽的渠道。

（3）顾客的购买习惯。顾客的购买习惯，如对购买方便程度的要求，对每次购买数量、购买地点及购买方式的选择等，都会影响对渠道的选择。

（4）销售的季节性。一些商品销售的季节性较强，应充分联动渠道商发挥作用，以权衡决策，把握销售时机。

2. 猫诊所自身因素

（1）猫诊所在初期须选择较固定的渠道商，建立自己控制的营销系统或采取短渠道，建议使用 SWOT 分析表和参数估算评估，与最有利的渠道商进行合作。

（2）猫诊所应对内完善管理机制，对外严格把控质量，通过内外管理形成较强的营销能力、团队执行力和竞争力，既可自行销售商品和服务，又能借助组合渠道进行营销。

（3）对于大部分猫诊所而言，短而宽的渠道投入成本较高，长而宽的渠道才能够更加有效促进销售。

3. 经济形势及有关法律法规

（1）经济形势。如果经济景气，发展快，选择渠道的余地就更大；如果经济衰退，市场需求下降，就必须减少一些中间环节，使用较短的渠道。

（2）有关法律法规。国家相关的法律法规，如专卖制度、反垄断法规、进出口规定等，均会影响渠道选择。

四、营销渠道建设步骤

（1）调研。应秉持“没有调研就没有发言权”的态度，收集和传递有关顾客、行情、竞争者及其他市场营销环境信息，了解市场现状及其发展趋势。

（2）寻求。解决买者与卖者“双寻”过程中的矛盾，寻找市场消费人群中的心仪顾客，为不同细分市场的顾客提供便利的营销服务。

（3）分类。对顾客消费水平进行层级区分，以此确定是采取红海深耕策略还是蓝海淘金策略，再精准选择人群进行投放。

（4）促销。向市场传递各类信息，广泛触达精准顾客，以最小可行性产品投放并吸引顾客。

（5）洽谈。供销双方达成产品价格和其他条件的协议，实现所有权或持有权转移，追求资源优先与渠道商“先谈后判”也是营销猫诊所的优选方式。

（6）物流。保证产品能够安心快速地送到顾客手中。行业数据报告指出，养猫人群年龄多为25～35岁，习惯在互联网平台购买产品，所以猫诊所在营销管理中也应考虑物流。

（7）管理。营销管理中应对于猫诊所的服务过程、服务质量和就诊结果形成一个定期规划表，以周为周期进行审计、以月为周期进行审查。

（8）风控。在执行营销任务过程中，必须考虑突发状况，并制定预案，以应对可能出现的风险。

任务实施

一、工作流程图（见图2-1-1）

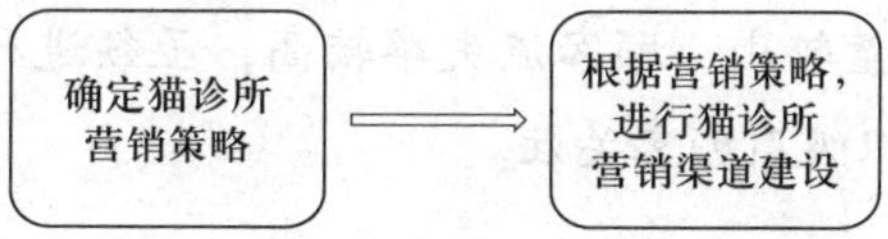

图2-1-1　工作流程图

二、任务实施过程

步骤1：确定猫诊所营销策略

在开展猫诊所渠道营销前，先对诊所进行精准定位，确定猫诊所营销策略。

步骤 2：根据营销策略，进行猫诊所营销渠道建设

根据市场因素、猫诊所自身因素、经济形势及有关法律法规选择或创新猫诊所营销渠道。

任务拓展

请根据猫诊所营销渠道的特点进行营销渠道设计。

学习任务 2.2 猫诊所顾客经营管理

学习目标

能根据顾客信息制定顾客服务原则和服务标准，为顾客提供贴心服务，保持并不断提升顾客对猫诊所的满意度和忠诚度。能进行猫诊所顾客服务信息管理与顾客需求分析，运用适当方法及技巧接待服务顾客，并进行顾客回访管理。

建议学时

4 学时

任务描述

猫诊所目前日均客流量较小、顾客流失率较高，亟须进行顾客关系管理，制订猫诊所的顾客经营管理计划，以吸引顾客关注。

任务分析

利用顾客信息分类方法和顾客信息统计方法，进行猫诊所顾客服务信息管理，通过多种方式进行顾客需求分析，运用顾客接待方法与技巧提高服务水平和质量，通过多种方式进行顾客回访管理，制订符合猫诊所需求的顾客经营管理计划。

相关知识

一、顾客经营管理目标

猫诊所在顾客经营管理中，要更注重从猫角度出发，做到“三心五化”。“三心”是指更多关心、让人省心、尽量贴心，猫诊所在环境布置与设计上要尽量考虑顾客的体验感，操作规范上要更多考虑动物福利与顾客的感受，牢记顾客喜好并为其制定专享服务方案，给顾客制造更多“意外惊喜”的贴心服务。“五化”是指服务标准化、服务垂直化、服务个性化、服务全程化、服务可视化，使猫诊所的服务看得见、摸得着、听得到。要聆听顾客声音并对之进行详细分析和加工，增强对顾客信息的管理能力。要巧妙运用顾客接待技巧，营造最佳的经营环境。

二、顾客经营管理原则

1. 动态管理原则

通过营销获取的顾客关系若在建立后置之不顾，就会失去它的意义。因为顾客伴侣动物的情况是在不断发生变化的，所以顾客及伴侣动物的资料也要不断更新，剔除过时的或已经变化了的资料，及时补充新的资料。对于来店顾客，建议以当天回访、3 天一问、7 天一跟踪的方式进行管理，保持动态跟踪。比如宠物猫在猫诊所就诊当天间隔 6 h 后进行电话回访跟进，3 天后咨询顾客满意程度及了解宠物猫情况，7 天后咨询顾客宠物猫情况、通知下次复查并更新顾客经营管理计划中的专属顾客服务日程。

2. 突出重点原则

猫诊所面对的顾客有很多种类型，可以通过顾客登记的信息（见图 2-2-1）找出重点顾客。重点顾客不仅要包括现有顾客，而且应包括未来顾客或潜在顾客。这样可以为选择新顾客、开拓新市场提供资料，为进一步发展创造良机。

3. 灵活运用原则

建立顾客资料卡后，不能束之高阁，而是应该运用灵活、有效的方式及时、全面地提供给团队成员及其他有关人员，使他们能进行更详细的分析，根据信息对顾客开展管理，提高顾客管理的效率。

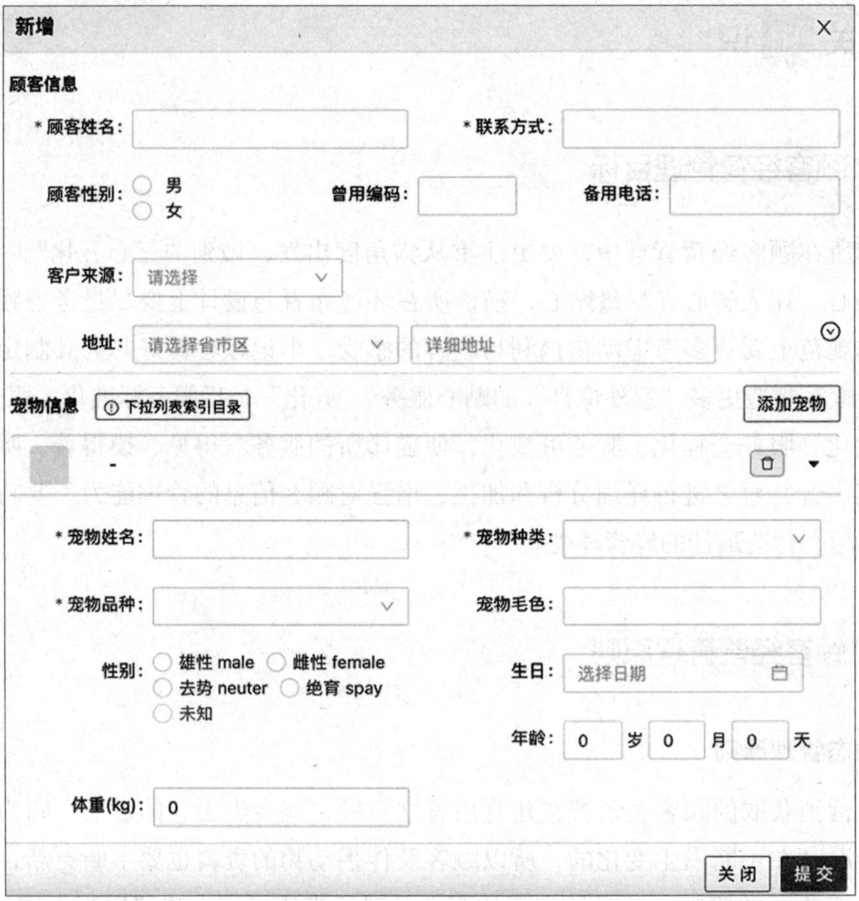

图 2-2-1　顾客信息登记

4. 专人负责原则

由于不同顾客的需求不一致，需要定期专人负责跟踪维护，建议相关团队成员如宠物医师、宠物医疗助理、宠物美容师、美容助理、行政院长、行政前台等，分区域模块开展顾客管理工作。

三、顾客关系管理

顾客关系管理通过不断加强与顾客交流，不断深入了解顾客需求，不断对产品及服务进行改进和提高，以满足顾客需求。顾客关系管理注重与顾客的交流，实实在在帮顾客解决问题。

1. 顾客回访管理

开发新顾客的成本约为留住老顾客成本的 3 倍，因此，维护顾客关系、做好顾客回访是可持续发展的最佳路径。建议团队成员都应承担顾客回访任务，宠物医师回访量必须比其他职位高30%。

（1）顾客回访的方法

1）筛选目标顾客。VIP顾客、预约消费顾客、预付消费顾客、医疗出院顾客、一次消费超1 000元以上的顾客、系统有记录半年未到店消费的顾客、系统提醒回访的顾客、投诉的顾客、欠费的顾客都是目标顾客，建议以此顺序作为顾客回访顺序。

2）顾客细分。建议回访之前先按门诊顾客、手术顾客、美容顾客、住院顾客等进行细分，并且应使用不同的回访服务话术，提高顾客服务效率和转化率。

3）明确顾客的需求。回访的目的是了解顾客对猫诊所技术和服务的感觉，对服务有什么建议意见，从而促进顾客再次到店和转化成交。

4）确定合适的顾客回访方式。回访的方式有很多，如微信、电话、朋友圈等，要根据顾客愿意沟通的方式进行回访。

5）明确回访的时机。回访时间的选择应充分考虑顾客时间安排，尽量不要在顾客忙的时候打扰到顾客（非紧急情况不得于上午8:30前和晚上22:00后回访顾客）。

（2）顾客回访的内容

1）宠物猫有留观史的回访。建议由留观部负责人进行回访，当天回访次数不少于1次，7天内回访次数不少于5次。宠物猫正在留观中，由接诊该宠物猫的住院医师负责，每天回访次数建议不少于1次，且病情发生变化时必须立即告知，尽量使留观中宠物猫处于放松状态，尽可能减少宠物猫应激。

2）售后回访

①医嘱。医嘱由接诊医师负责，顾客患宠出院后建议接诊医师为其进行2次医嘱回访：第一次于患宠出院3天内，第二次于患宠出院7天内。

②美容。进行宠物猫美容造型、轻奢SPA的顾客建议服务人员进行2次以上回访，第一次于服务完成后3天内，第二次于服务完成后21天，在回访同时进行二次美容邀约。

③销售（消费1 000元以上或VIP顾客）。销售后回访由前台负责，销售后回访于顾客消费后3天内进行，并对产品质量进行全面把控。

3）维护回访

①驱虫提醒。建议宠物猫驱虫到期日5天前进行回访，驱虫顾客每月回访频率不少于1次。

②美容提醒。建议每月回访频率不得少于2次，以21天为一周期回访并进行邀约提醒。

③疫苗提醒。建议于疫苗到期日15天前进行回访，首苗回访次数为3次，联苗回访频率为每年2次，其他疫苗视情况而定。

④体检提醒：体检复查服务的顾客建议由跟踪该顾客的宠物医师负责，于体检到期日10天前进行回访提醒。

4）投诉回访。收到顾客投诉时建议进行 3 次回访，第一次于顾客投诉 24 h 内，第二次于处理方案确定时，第三次于投诉处理完毕后 1 天内。

5）纪念日回访。纪念日指宠物生日、会员日等，纪念日回访由前台负责，于对应日期前 3 天进行。

（3）顾客回访的要点

1）正确对待顾客的抱怨。

2）注重顾客细分工作。

3）明确顾客需求。

4）抓住顾客回访机会。

5）促进重复及交叉销售。

6）确定合适的回访方式。

2. 顾客服务信息管理

对顾客信息进行管理主要是为了提高服务效率、促进服务工作顺利地进行、保证猫诊所登记的信息资料的准确性与及时性。

（1）顾客信息分类的方法

1）横向分类。按顾客需求划分，顾客信息可分为医疗保健常客信息、美容保养常客信息、多宠家庭留观常客信息等。

2）纵向分类。根据顾客等级标准划分，顾客信息等级分类标准可根据顾客价值动态分析确定，通过分析顾客的到访和交易频率等进行等级划分。

（2）顾客信息管理的方法

1）顾客信息检查核对。建议以月为单位定期检查核对顾客信息，及时修改更正顾客信息。需核对的信息内容主要包括顾客姓名、联系方式，宠物猫名称、性别、是否绝育等。

2）顾客信息综合分析。根据顾客信息内容，分析顾客信息间的横向联系和纵向联系。

四、顾客接待方法与技巧

为了提升猫诊所的服务水平，增强顾客黏性，相关接待人员应掌握一些有效的顾客接待方法与技巧。

1. 分析顾客需求

（1）获取顾客需求。通过向顾客提问调查了解“需求背后的需求”，收集顾客最关心的问题，并提供所需的服务。一般猫诊所顾客的需求主要来自以下四个方面。

1）功能性需求：宠物食品、清洁用品、宠物用品。

2）医学性需求：疾病防治、疫苗接种、跳蚤和蜱控制治疗。

3）社会性需求：借助猫诊所的平台寻求圈子，增加归属感。

4）情感性需求：来自宠物猫的爱、陪伴或安全感。

（2）明确顾客意图。在收集顾客需求的同时，也需要观察顾客的非语言行为动作，如注意顾客眼神、手势、肢体动作等，同时需要特别注意顾客情绪，尽量安抚或认可顾客，进一步明确顾客意图。

（3）设置顾客需求联系单，与顾客保持联系。

2. 提升顾客体验

（1）顾客接待原则

1）顾客服务优先。顾客接待是所有团队成员在猫诊所必须从事的工作。如有顾客咨询，工作人员除非在急症处理或治疗中，建议在 10 min 内接待顾客，以减少顾客忧虑，安抚顾客情绪。

2）顾客体验优先。猫诊所的布置与工作人员的语言动作应优先考虑顾客体验与宠物猫安全，如顾客进入诊室，诊室环境应保持安静；诊室颜色应采用能改善心情的黄色或代表平静和放松的蓝色；诊室应使用减少宠物猫应激的辅助产品等。

3）统一顾客接待规范

①在顾客接待过程中，工作人员的仪容仪表、接待用语应统一规范。

②在顾客接待过程中，工作人员应将希望顾客看到的、感受到的、了解的，通过顾客能理解的方式传递给顾客（见图 2-2-2）。

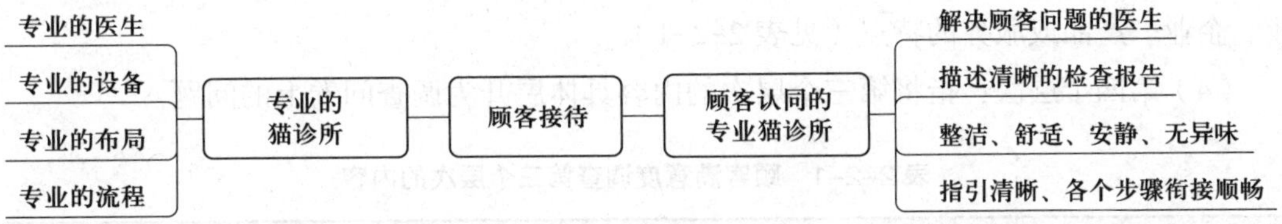

图 2-2-2　向顾客传递信息

让顾客接待成为技术传达的载体可采用的方法包括但不限于：定期向顾客输出科普或案例展示、电话接听的话术技巧（清晰的指引、有爱的回应）、团队成员的相互介绍（专业认可和优秀作品）、流程的优化（每个项目衔接顺畅、目标清晰、减少无谓的等候）、医嘱报告的优化、实时回访跟踪等。

（2）提升顾客体验的方法。顾客体验来源于与猫诊所的接触，这种接触不单单在某个点，而是包含从顾客知道猫诊所开始的每一个接触点，这些最终都将变为顾客对于猫诊所的体验。猫诊所提升顾客体验的具体方法如下。

1）规范的流程与话术是保证顾客体验的下限。

2）为不同顾客在不同场景提供人性化的服务。

3）以顾客的视角看待猫诊所与顾客的每一个接触点，关键接触点应有专人跟进。

4）组织团队罗列出与顾客接触的所有场景，每个团队成员要以顾客视角反复体验并提出不少于 2 点提升建议。

五、顾客满意度调查

满意度调查是一种通过问卷、访谈等方式，收集顾客对产品或服务的满意程度和反馈意见的活动。猫诊所可以通过分析收集顾客的反馈意见，有针对性地改进服务方法，提升顾客体验。

1. 满意度分级

顾客满意度一般分为很不满意、不满意、一般、满意、很满意 5 个等级。

2. 调查内容分级

调查内容一般分为 4 个层次。

（1）第一个层次：指顾客满意度指数，即顾客只需要选择顾客满意度 5 个等级选项之一即可。

（2）第二个层次：指对顾客的期望、顾客对质量的感知、顾客对价值的感知、顾客满意度、顾客的抱怨、顾客忠诚度等方面的调查。

（3）第三个层次：指对第二个层次进行更深入、更细化的调查，调查应符合不同行业、企业、产品或服务的特点（见表 2-2-1）。

（4）第四个层次：指将第三个层次的内容具体展开为调查问卷上的问题。

表 2-2-1　顾客满意度调查第三个层次的内容

第二个层次	第三个层次
顾客的期望	顾客对产品或服务质量的总体期望 顾客对产品或服务满足需求程度的期望 顾客对产品或服务质量可靠性的期望
顾客对质量的感知	顾客对产品或服务质量的总体评价 顾客对产品或服务质量满足需求程度的评价 顾客对产品或服务质量可靠性的评价
顾客对价值的感知	给定价格条件下顾客对质量级别的评价 给定质量条件下顾客对价格级别的评价 顾客对总价值的感知

续表

第二个层次	第三个层次
顾客满意度	总体满意度 感知与期望的比较
顾客的抱怨	顾客的抱怨 顾客投诉情况
顾客忠诚度	重复购买的可能性 能承受的涨价幅度 能抵制的竞争对手降价幅度

任务实施

一、工作流程图（见图 2-2-3）

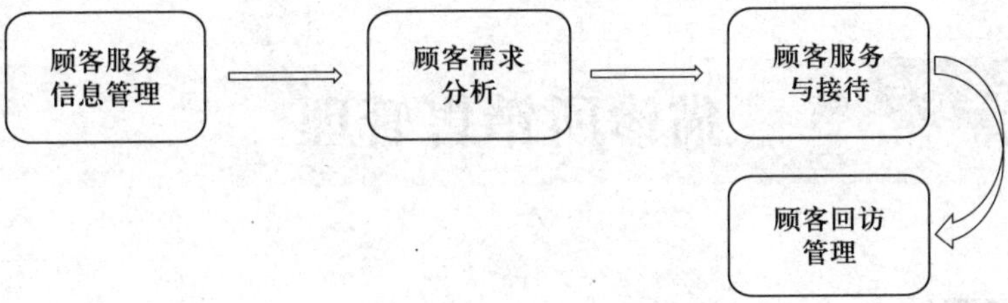

图 2-2-3　工作流程图

二、任务实施过程

步骤 1：顾客服务信息管理

为提高服务效率、促进服务工作更顺利进行，应保证猫诊所登记的信息资料准确及时，利用顾客信息分类方法和顾客信息统计方法，进行猫诊所顾客服务信息管理。

步骤 2：顾客需求分析

一是通过向顾客提问调查了解“顾客需求”，收集顾客最关心的问题，提供所需的服务；二是接待过程中需要观察顾客的非语言行为动作，在收集顾客需求的同时需特别注意顾客情绪，尽量安抚或认可顾客，进一步明确顾客意图；三是设置顾客需求联系单，收集顾客需求。

步骤 3：顾客服务与接待

为提高服务水平和服务质量，使顾客获得优质的体验，增强顾客对诊所的黏性，应按照顾客接待原则，对顾客进行分类差异化管理，注重接待团队形象管理，从而提升顾客的体验。应根据团队成员职责对顾客反馈信息进行跟进，对顾客调查数据进行分级统计管理。

步骤 4：顾客回访管理

筛选目标顾客，对顾客进行细分，明确顾客的需求，确定合适的顾客回访方式与回访时机。

任务拓展

随着猫诊所业务扩大，顾客群体也越发多样化，请分析如何进行顾客经营管理才能提升顾客的满意度，并制订一份符合猫诊所情况的顾客经营管理计划。

学习任务 2.3 猫诊所销售管理

学习目标

能制定符合猫诊所特色的销售方法，进行销售人员管理、销售过程管理、货物管理、数据管理、卖场管理，满足顾客需求，实现销售。

建议学时

2 学时

任务描述

猫诊所在销售过程中遇到销售不通畅和缺乏整体规划性等问题，需要按照营销管理原则制定符合猫诊所特色的销售策略和销售管理方案。

任务分析

从顾客的角度出发制定符合猫诊所专科特色的销售方法，创造良好的销售团队氛围，让销售团队有明确的共同目标，建立适当的竞争机制，进行销售人员管理。采用恰当的方法进行销售过程管理、高效的货物管理、全面的数据管理、有规划的陈列管理和符合地域特点的卖场管理，从而制定符合猫诊所特点的销售策略和销售管理方案。

相关知识

一、销售策略与管理目标

猫诊所销售策略与管理的核心目标就是从顾客的角度出发，了解顾客购买服务和产品的动机，满足顾客期望。学会利用符合猫诊所营销管理的销售策略进行工作，在保证诊疗、寄宿、美容等服务的质量外，还需要学习营销和销售方面的知识，才能在市场存量中脱颖而出，实现商业利润最大化。

二、特色专科的销售策略

销售策略是为了达成销售目的的各种手段（产品、价格、广告、渠道、促销等）的最适组合，销售策略即企业产品、服务投放市场的理念。随着猫经济崛起，养猫精细化为猫经济发展提供了广阔空间，猫诊所也适应猫经济发展而设立。猫诊所的特色专科即为猫专科，猫专科与其他专科的不同之处就在于专门为猫这一品类服务，所有销售策略方法都围绕猫展开，在熟悉猫的基础上，也要熟悉猫的主人，并在此基础上影响销售策略的选择。对于猫诊所来说，可以从建立零售销售策略进行着手。零售销售策略具体包括以下内容。

1. 针对性策略

针对不同顾客情况、不同需求，采取适当的服务方式并积极宣传介绍商品，进行针对性营销。对于猫诊所来说，每只宠物猫的身体状况和性格情绪都是不一样的，需要针对顾客的需求进行针对性营销。比如对于一只符合年龄且身体无其他疾病的宠物猫，一般建议进行绝育；或者顾客希望宠物猫进行绝育并有一定的经济基础，且愿意在宠物猫身上消费，那就可以有针对性地售卖带有术前检查的绝育套餐。

2. 试探性策略

不了解顾客需要购买什么商品或者对什么套餐服务有需求时，应注意观察顾客的动作、表情，认真地聆听顾客的咨询，关注宠物猫的行为、表情等，通过咨询和解答的过程了解顾客的需求再进行针对性的营销，使其产生购买行为。例如，有新顾客到店，在商品区犹豫了很久但是不知道要购买哪个牌子的罐头时，可以试探性地询问顾客是想买主食罐头还是零食罐头，宠物猫年龄和体重等问题，通过提问获取相关信息再进行推销。

3. 诱导性策略

作为猫诊所的工作人员，前台、宠物医师、宠物医疗助理、宠物美容师等都应该掌握门店售卖商品的知识和介绍商品的技巧，在顾客对商品有顾虑和疑问时，第一时间进行解答，解除顾客因为疑惑而产生的犹豫，从而满足顾客需求，达到购买目的。

4. 调价性策略

根据市场竞争情况、商品销售季节的变化及顾客爱好变化等因素，在正常价格的范围内调高或调低价格来吸引顾客购买。例如在春节期间，由于大多数顾客需回家过节而无法带宠物猫一起回去，就会选择将其寄宿在猫诊所，此时的寄宿宠物猫非常多，猫诊所可以适当调高价格或通过预售的形式进行营销。

5. 4C 营销策略

随着市场竞争日趋激烈，媒介传播速度越来越快，传统的 4P（产品 product、价格 price、推广 promotion、渠道 place）理论受到挑战，进而产生了与传统营销的 4P 相对应的 4C 营销理论。该理论认为营销需要持有的理念应是“请注意消费者”而不是传统的“消费者请注意”。4C（顾客 customer、成本 cost、便利 convenience、沟通 communication）营销理论以消费者需求为导向，重新设定了市场营销组合的 4 个基本要素，瞄准消费者的需求和期望。

（1）顾客。猫诊所首先需要了解和研究顾客，根据顾客的需求来提供产品。同时，猫诊所提供的不仅仅是产品和服务，更重要的是由此产生的顾客价值。除给顾客提供宠物猫美容、绝育、体检、商品等实体产品服务外，还应关注宠物猫健康福利及关爱，如在宠物猫生日送上祝福及特有优惠或礼包等。

（2）成本。这里的成本不单指生产成本，还包括顾客的购买成本，同时也涉及产品定价。最理想的情况莫过于产品或服务既低于顾客的心理价格，猫诊所又有所盈利。此外，顾客的购买成本不仅包括金钱的支出，还包括为此耗费的时间、精力及承担的购买风险等。如顾客选择诊疗套餐时，除优先考虑诊所医师技术外，还会考虑实际价格、到店所需时间、环境是否容易造成宠物猫应激（精力消耗）等因素。

（3）便利。在制定销售策略时，应更多考虑顾客的方便。通过好的售前、售中、售后服务来让顾客在消费的同时享受到便利。例如，顾客进行预约后，应尽量保证相关的宠物医师或宠物美容师在预约时间是空闲的，以缩短顾客等待时间，为顾客提供便利。

（4）沟通。建议通过与顾客进行积极有效的双向沟通，建立基于共同利益的猫诊所 - 顾客关系，而不是单方面对顾客进行促销和劝导，使双方在沟通中找到能同时实现各自目标的方案。猫诊所与顾客进行的双向沟通主要包括护理群、社群、一对一回访、到店面对面沟通等途径，这些沟通途径大大增进了猫诊所对于顾客满意度及顾客需求的了解。

6. 4I 原则策略

对企业来说，仅仅考虑顾客的需求已经很难适应新的营销环境。在如今的网络环境中，信息的产生呈现大爆发状态，而注意力成为稀缺资源，在注意力经济时代，4C中的沟通是一个营销难点，如何让产品引起用户的注意是营销活动中最重要最基本的问题。而网络整合营销的4I原则（趣味原则 interesting、利益原则 interests、互动原则 interaction、个性化原则 individuality）完全从顾客角度出发，以吸引顾客注意力、鼓励顾客参与为基本目标。

（1）趣味原则。趣味性的广告更能吸引眼球，同理，通过趣味的形式进行宠物猫知识科普或宣传海报的制作更能引起顾客的喜爱，趣味的宠物猫视频同样也受到广大顾客的喜爱。猫诊所在进行宣传时，可以利用趣味原则进行创作，门店装饰上也可以偏向可爱、趣味。

（2）利益原则。猫诊所要做好营销，就需要提供顾客想要的利益，满足顾客的需求，这样才能让他们乐于接受猫诊所的营销。例如，在策划活动之前需要进行调研，在顾客到店体验后也需收集顾客的意见和满意度等，这些做法都是为了了解和满足顾客的需求，从而满足顾客的利益。

（3）互动原则。猫诊所在进行活动策划时，应充分考虑顾客的参与度，将顾客体验融入活动中，这样才能更好地促进互动交流。例如，猫诊所举行一场户外的宠物派对，则可以设置一个只有猫诊所标识而其他地方空白的背景板，顾客到场时可在背景板上进行书写、绘画，同时安排专业的摄影师给顾客进行拍照留念。这种互动环节会让顾客更愿意到场参与，也会让顾客对活动产生更深刻的印象。

（4）个性原则。个性化营销是顾客喜欢的方式之一，也更容易引发互动和购买行为。《2021年中国宠物行业白皮书》（消费报告）显示，57%的养宠人士为“90后”，其中“95后”占比32%。年轻人个性鲜明，瞄准个性原则进行营销更能捕获他们的心。例如，在制定拍照打卡游戏活动时，以宠物形象进行定制的抱枕、冰箱贴等活动奖品就会更加受年轻顾客欢迎。

三、销售管理

销售管理即对销售全过程进行有效的控制和跟踪，其根本目的是提高销售额，增加盈利。

1. 卖场管理

猫诊所作为门店类卖场，可以通过有效的卖场布局、商品组合等手段在视觉信息传播、照明、颜色、音乐和气味等方面渲染卖场气氛，达到引起顾客感性和情感反应，刺激顾客购物欲望，并最终促成顾客购买，实现整体销售迅速提升的目的。

（1）卖场布局。通过对展台、货架的精心布置等将顾客的视线吸引过来，使之产生好感和兴趣。顺畅的通道和开阔的视觉感受是吸引顾客的一个关键点。在卖场布局中，需要注意以下问题。

1）如果门店面积有限且卖场区位置不大，这时就要考虑如何在放置更多的商品同时又不让顾客感觉拥挤，便于顾客购买。拥挤的商品货架会让顾客觉得心烦意乱并且很难抉择，但是过分空旷又会造成卖场空间的浪费。

2）除固定货架外，有的门店会购买其他可移动式货架，这些货架应尽量放在顾客可以直接看到但又不堵塞行走通道的地方，比如入口的正对面角落等位置。

3）商品货位布局要合理规划，符合商品陈列显而易见、取放方便等原则。要考虑顾客第一眼看到的地方是本店的热销品、盈利品或促销品，避免将这 3 种品类的商品放置在货架的最上面或最下面。

4）产品空间分配应综合考虑顾客需要和产品利润。可以实现销售额最大化的产品可能利润率较低，但集中销售高利润产品可能会把重点放在顾客并不关心的产品上，从而降低顾客满意度。产品空间分配方法可参考图 2-3-1 所示内容。

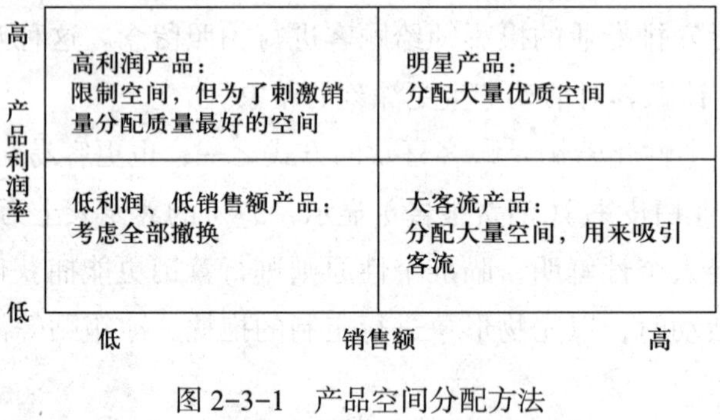

图 2-3-1　产品空间分配方法

（2）商品组合。商品群的创造就是一个小空间的商品组合，建议由主力商品、辅助商品、附属商品和促销商品四部分构成。主力商品多半是主要的、高利润的、品类齐全且能营造卖场气氛的商品，尤其是以季节性主题商品为主；辅助商品多半是使用量较大的消耗性商品，虽然利润不高，却是吸引顾客或搭配主力商品的产品；附属商品多半为配件或相关商品；促销商品一般是刚刚打入市场的商品或是为了吸引顾客的打折商品。

一般来说，商品组合的变化通常包括增加商品种类、等价变换组合、类比思考组合、主辅调整组合、使用环境组合、特定使用目的组合、消费意境组合、根据供应商进行商品组合等。例如，单独销售驱虫产品价格较高且需要到店购买，如果将驱虫产品与疫苗产品进行商品组合进而捆绑销售，再搭配其他的辅助商品和醒目的广告，即可吸引顾客的注意，进而带动商品销售。

2. 人员管理

对于猫诊所的工作人员来说，不仅仅只有前台才进行销售，每个人都要有将自己的角色定义为门店销售的意识。对销售人员的管理主要包括以下内容。

（1）创造良好的销售团队氛围。应明确猫诊所的每一个工作人员都是销售的角色，并且可以进行针对性的培训和考核。整个猫诊所属于一个销售团队，而销售团队要形成团队精神，互相学习、互相成长，避免抢顾客、抢资源的现象出现。

（2）建立明确的共同目标。有了共同的目标才会有共同协作的精神，管理销售团队应先建立一个明确、一致的团队发展目标。猫诊所负责人可以根据实际情况制定周度、月度、半年度和年度目标，并设立相关的目标达成奖励机制，使团队成员朝着共同的目标奋斗。

（3）建立适当的竞争机制。建立适当的竞争机制可以让团队成员看到每个人的优势，也可以充分了解其他人的优势。通过可以树立标杆、呈现差距，进而激发其他人的学习主动性。例如，除设立全体目标的奖励外，可以设立单人的奖励，这样能清楚了解到每个员工的销售能力，也能更好地进行工作及目标的分配。

3. 销售过程管理

销售过程管理也称为营销过程管理，是分解销售链的一连串的营销活动，并针对这些活动的作业流程进行管理。其目标是采用恰当的方法来确保各种营销活动的执行成果具有一定的水准和精确度，同时也能持续改善活动的进行方式，串联活动的作业流程，形成强有力的销售链，保持在企业市场上的竞争力。

制定销售目标后，需要具体地将各项目标进行分解，比如可以分为节日促销业绩、店庆业绩、大众业绩等。在目标分解的基础上制订销售与推广计划，协助各模块完成月度、季度、半年度和年度销售目标，并且在这一过程中实时地进行追踪和控制，了解工作进度，及时发现销售活动中所出现的异常现象及问题，若发现问题则需要及时进行解决。比如某店店庆，业绩目标为 80 万元，店庆活动时间已经过半而业绩只有 30 万元，这时候就需要分析具体原因，是活动设计失误还是回访和宣传工作没做好等，及时发现问题并调整，进而确保销售目标实现。

4. 采购管理

猫诊所的采购管理主要涉及商品采购，大致可以分为优先采购的商品和严禁采购的商品。

（1）优先采购的商品。优先采购的商品主要指性价比高、利润较高的商品，在市场上无不良口碑的商品，保质期较长的商品，区域范围 3 km 内无明显竞争的商品，货源渠道稳定、商品说明齐全、具备检测报告的商品。

（2）严禁采购的商品。严禁采购的商品包括保质期低于 6 个月、已过保质期、无产品说明书、产地及厂家不明、包装破损、无合法批文、低端劣质的商品，猫诊所已有同类商品 3 个品牌以上的商品，销售渠道泛滥、违反国家相关规定的商品等。

5. 数据管理

猫诊所的数据主要包括财务报表、月度各模块业绩、大众业绩明细、套餐售卖明细、采购清单表、临期产品清单表、耗材盘点表、月度报表等。数据管理要定期进行数据的分类和整理，套餐售卖情况、月度各模块业绩等需要利用现代信息技术手段对数据进行分析，通过分析找出门店目前的优势和存在的问题，进而提出改进措施，提高管理水平，扬长避短提高业绩。

任务实施

一、工作流程图（见图 2-3-2）

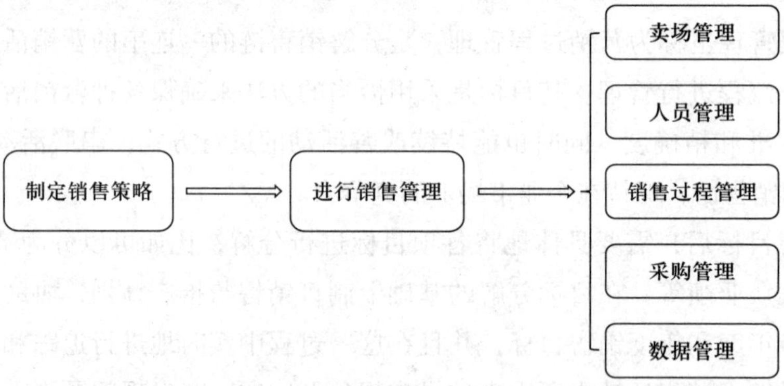

图 2-3-2　工作流程图

二、任务实施过程

步骤 1：制定销售策略

从顾客的角度出发，了解顾客购买商品和服务的动机，满足顾客期望，制定符合猫诊所这一专科特色的销售策略，实现商业利润最大化。综合针对性策略、试探性策略、诱导性策略、调价性策略和4C营销策略、4I原则策略，瞄准消费者的需求和期望，实现顾客和猫诊所双赢。

步骤2：进行猫诊所的销售管理

猫诊所的销售管理主要包括卖场管理、人员管理、销售过程管理、采购管理以及数据管理。通过对销售全过程进行有效的控制和跟踪，提高销售额，增加盈利。

任务拓展

请结合顾客需求与猫诊所的实际情况，制定符合顾客需求的销售策略。

学习任务2.4　猫诊所品牌推广

学习目标

能根据猫诊所专科特色，创建猫诊所品牌管理系统，使其能够产生品牌积累。

建议学时

4学时

任务描述

猫诊所在经营过程中缺乏品牌效应，需要根据猫诊所自身专科特色，创建猫诊所品牌管理系统。

任务分析

综合考虑宏观环境和猫诊所自身特点，制定品牌推广策略，选择合适的品牌推广渠道，从定位、新闻、信息、示形和服务宣传五个方面进行品牌推广宣传。

相关知识

猫诊所可以通过清晰的品牌定位区分自己与其他品牌的差异性，建立品牌信誉，帮助诊所定位市场目标、提高产品附加价值和实现品牌溢价。

一、品牌推广策略

1. 导入期的品牌推广

导入期是企业的品牌第一次面对顾客或第一次参与竞争的阶段。针对一个新品牌的面市，目标顾客的反应肯定有很大的差异，有的漠视，有的关注，也有的跃跃欲试。因此，企业在做品牌推广前必须制定一套有连续性和针对性的推广步骤，这些步骤应适用于目标顾客的生活方式和习惯。值得注意的是，品牌在导入期的推广因产品不同及其不同的市场表现而没有一成不变的推广模式。

2. 成长期的品牌推广

在成长期，企业的目标顾客会对该品牌的产品加以评价，品牌内的产品及服务现状的好坏都会有传播的动力和空间。因此，企业应对品牌要素不断进行重新审视并优化调整。重新审视品牌的目标市场定位；反思品牌的竞争个性是否与企业的经营能力和技术现状匹配，是否适应于品牌的内涵定位，是否独特和具有差异性；检讨品牌的内涵定位中的属性、价值、利益、个性、文化和使用者特征等要素的不足，检验其是否有针对性和准确性。品牌成长期所采用的推广方式恰当与否直接关系到品牌竞争力和影响力的提高，因而，企业还应评价现有的推广模式是否有利于品牌的成长。

3. 高峰期的品牌推广

处在高峰期的品牌在技术水平上已经显得相当成熟，如果在技术上不如人，品牌也不可能发展到这样的高度。顾客对企业消费是有条件的，是建立在产品现状、内涵定位和品牌价值符合期望的基础上的。企业应就产品的技术、功能及服务或附加利益进行适应性或超前性的改进，让品牌的产品及服务始终满足顾客期望。

高峰期的品牌与前两个时期的品牌表现有本质的不同，因为此时品牌本身已经具有新闻特征，因此运营层面的安全和媒体公关等工作是品牌高峰期的重中之重。

4. 衰落期的品牌推广

品牌的竞争个性定位，在品牌的高峰期看来可能是合理，可是当一个品牌形象到了衰落期就可能会有它不合理的地方，这些不合理是导致品牌衰落的原因之一。如果是危机引发的品牌衰落，那么应当在排除危机后继续高峰期的定位；如果是竞争者因素导致的品牌衰落，要针对竞争者的措施制定相应的对策。

二、品牌推广的渠道

品牌推广是获得市场知名度和声誉的行为，具体用什么方法和策略对外展示是一般企业的品牌定位亟待解决的首要问题。前期品牌推广的两个阵地分别是网络阵地和线下阵地。

1. 网络阵地

现代社会中，网络已成为信息传播的主要渠道，特别是在社交媒体和各类平台上。其中，微信公众号是一个重要的平台，在微信公众平台上可以开放某些功能或接口，以更好地与用户的日常生活或“微生活”相结合。在推广的初期，可以通过激励或强制的方式要求每个与品牌相关的代理或合作伙伴参与推广。这样可以在短时间内扩大影响力，吸引更多的用户关注和加入。

2. 线下阵地

通过小区推广和团购活动，可以有效地提高品牌知名度和销售额。小区推广需要多方面的努力和配合，从了解目标顾客、建立品牌形象到开展团购活动、引导代理商开展推广、建立良好的顾客关系以及合作共赢等方面都需要下足功夫。只有通过不断改进和创新，才能取得更好的业绩和市场效果。

三、品牌推广宣传的方法

1. 定位宣传

定位宣传就是选中目标市场，给产品定位，并通过广告说明某产品适宜哪些对象使用。一般来说，猫诊所将某些产品投入市场，通过各种广告形式介绍产品定位，以宣传推动消费者购买的行为，也可以使猫诊所品牌得到宣传。

2. 新闻宣传

通过新闻报道介绍猫诊所品牌及其产品，不仅能发挥宣传效果，还可以为猫诊所节省广告费用。

3. 信息宣传

信息宣传即通过各种社会媒体，向社会各界扩散有关信息，从而激发消费者购买心理，达到宣传企业品牌的目的。

4. 示形宣传

示形宣传的形式可以是展览会、电视录像、示范表演等，示形宣传的关键是要让人信服。

5. 服务宣传

对优良服务的宣传是促使消费者购买的重要手段。

四、品牌推广的注意事项

1. 避免过分求全图美

在品牌广告中，要选择最能代表品牌特质和价值观的内容进行展示，而不是盲目地追求全面和完美。制作品牌广告时，要注重突出品牌的特质和特点，从选择代表性元素、精练广告内容、创意表达、保持一致性等方面进行考虑和策划，以制作出有吸引力和影响力的品牌广告。过分追求完美和全面可能会适得其反，给消费者留下不深刻的印象。

2. 避免过度炒作

过度依赖炒作可能会让品牌显得不够真诚，而且如果处理不当，可能会对品牌形象造成负面影响。品牌传播应注重与消费者的真诚互动，而非仅仅追求曝光度。通过真正关心消费者的需求，提供有价值的内容和体验，可以更好地与消费者建立联系。同时，要确保任何炒作都是基于品牌的核心价值和信息，而不是为了炒作而炒作。

3. 避免频繁促销

频繁的促销可能会降低品牌的定位和形象，特别是对于定位高端或具有特殊文化价值的品牌。在运用促销策略时，应明确品牌的定位和目标消费群体，并选择适合这些消费群体的促销方式。同时，应保持品牌的统一形象和价值，避免频繁的促销对品牌造成负面影响。

4. 避免使用肥皂广告

过于传统和陈旧的广告方式可能无法吸引现代消费者的注意力和兴趣。随着技术的发展和消费者品味的改变，广告应不断创新和适应新的媒体和形式。运用现代的创意和视觉效果，结合品牌的核心信息，可以制作出更吸引人的广告。同时，应关注目标消费群体的兴趣和需求，提供与他们相关和有价值的内容。

任务实施

一、工作流程图（见图 2-4-1）

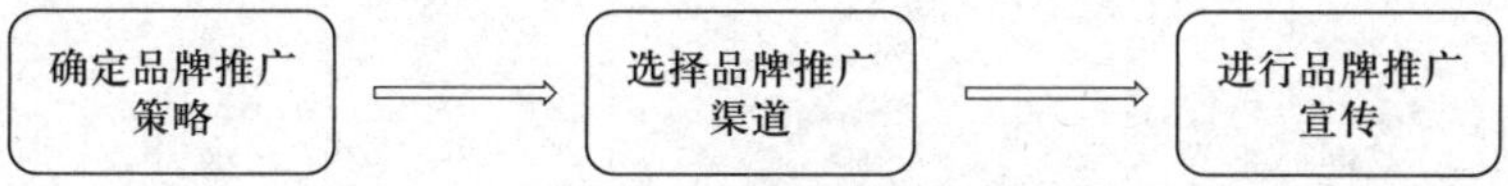

图 2-4-1 工作流程图

二、任务实施过程

步骤 1：确定品牌推广策略

确定品牌推广战略时应考虑猫诊所的政策环境、地理环境、经济环境和国际环境，并结合猫诊所自身的条件、核心能力、优势和劣势等因素，以消费者需要为出发点，根据导入期、成长期、高峰期及衰落期的相应特征制定。

步骤 2：选择品牌推广渠道

为获得市场知名度和声誉，同时从网络阵地和线下阵地进行品牌渠道推广。

步骤 3：进行品牌推广宣传

从定位、新闻、信息、示形和服务宣传 5 个方面进行品牌推广宣传。

任务拓展

猫诊所需要建立品牌管理系统，使其在行业中知名度进一步提升，请根据要求制定猫诊所的品牌管理系统。

项目三

猫诊所技术管理 03

▶ 项目描述

猫诊所的收入主要来源于卖场商品收入、美容收入和医疗收入。要经营好猫诊所，必须做好猫诊所前台工作管理、美容工作管理和医疗工作管理。本项目对前台工作管理、美容工作管理、医疗工作管理3个方面进行剖析，分解每个工作的工作流程和工作要求，并列出所需的工具和设备，为准备开办猫诊所的经营者提供参考。

▶ 建议学时　32学时

学习任务3.1　猫诊所前台工作管理（8学时）

学习任务3.2　猫诊所美容工作管理（8学时）

学习任务3.3　猫诊所医疗工作管理（16学时）

学习任务 3.1 猫诊所前台工作管理

学习目标

1. 了解前台岗位的主要业务和绩效考核方法。
2. 了解前台的接待流程并进行展示。
3. 熟悉与前台相关的公共知识与技能。

建议学时

8 学时

任务描述

随着猫诊所业务的逐渐展开，在现有团队基础上，招聘了 1 名前台，为了确保新前台能快速熟悉工作环境，掌握岗位技能，现在需要根据前台的岗位要求，对其进行岗位培训。

任务分析

前台岗位是一个企业给人的第一印象，可以代表猫诊所给顾客的首次印象。前台需要具备专业技能、综合技能和进阶能力，整体素质要求较高。前台的作用主要包括形象展示、顾客服务、销售支持等。

为了最大限度发挥前台岗位对猫诊所的作用，需要制定一个科学、合理的岗位培训计划，从而提高前台的专业知识和技能，使顾客得到良好的消费体验。

相关知识

一、前台岗位认知

1. 定义

前台通常指猫诊所大厅的接待区域，是猫诊所面向用户开放的前端，通常笼统代指为前台接待人员。前台是一个企业给人的第一印象，可以代表整个猫诊所给顾客的首次印象。

2. 功能定位

（1）形象展示中心：抓住顾客的第一眼，并向顾客传达企业品牌形象。

（2）信息流通中心：收集、建立、整理、反馈财务、市场、顾客、人力、行政等信息，并通过管理手段促进信息有效利用。

（3）顾客服务中心：为顾客提供高质量、高满意度的售前、售中、售后服务及服务管理。

（4）销售支持中心：为诊所销售提供人员、事务、物品、信息支持。

（5）物流梳理中心：辅助进行进货、存货、理货、销售管理。

（6）行政支持中心：提供高效的行政支持和协调。

二、前台能力认知

为满足猫诊所前台工作的正常开展，诊所相应岗位人员应该具备一定的宠物诊疗行业的公共技术知识，同时也要熟悉医疗、美容各个部门的工作。前台应具备以下三种能力。

（1）专业技能。前台专业技能包括销售能力、计算机操作能力、宠物品种知识、宠物行为学知识、宠物护理知识、宠物美容知识、宠物健康知识、财务基础知识等。

（2）综合技能。前台综合技能包括数据分析能力、管理统筹能力、沟通协调能力、调节配合能力等。

（3）进阶能力。前台通用进阶能力包括公众表达能力、市场策划能力、危机公关能力等。

三、前台接待服务流程（见图 3–1–1）

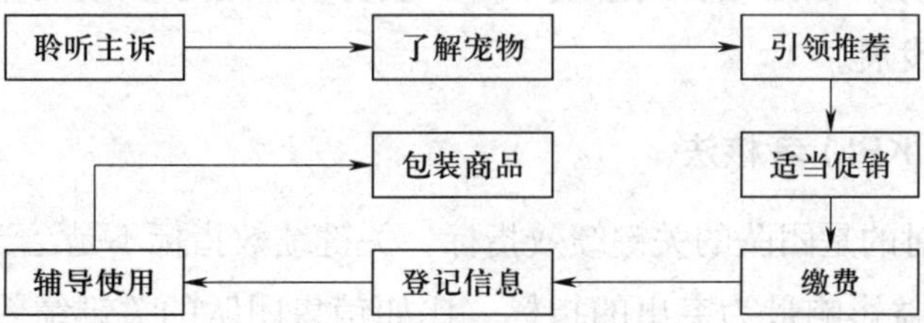

图 3–1–1　前台接待服务流程

（1）聆听主诉：顾客进门，要主动微笑招呼。不应盲目给顾客推荐，应首先听清楚顾客的需求，更不能强制顾客消费。涉及宠物健康问题的，须及时推荐至医疗部，不得擅自销售。

（2）了解宠物：问清楚顾客的需求，了解宠物的品种、年龄及体型大小等。

（3）引领推荐：推荐商品要根据顾客具体需求，做到心有底气、思路清晰、商品卖点熟悉。介绍商品时，要介绍商品特点、商品功效。带看过程要讲解猫诊所的理念和专业，第一时间得到顾客的信任。

（4）适当促销：如果商品正处于促销活动期间，应主动赠送小礼品、给予折扣等，力求让顾客花更少的钱享受更多优惠，增强购买成交的说服力。

（5）缴费：顾客结账时，应核查商品种类及数量，进入前台收费服务流程。

（6）登记信息：按系统要求录入顾客信息，登记售出商品种类及数量，核对库存数量。

（7）辅导使用：告知顾客所购买商品的使用方法和注意事项。同时，商品售出后，按照商品特性设置顾客回访。

（8）包装商品：将包装好的商品交予顾客。如果顾客一次性购买物品较多，应及时帮助顾客提拿商品。

四、前台岗位工作评估

考核是把控前台工作的关键环节，猫诊所对前台进行考核的方式是对前台团队在考核周期内的工作成果进行评估。考核周期可以是月度、年度或半年度，常用的考核办法有以下几种。

1. 目标绩效考核法

目标绩效考核法因其简单易行在管理实践中被广泛应用，尤其是考核计件生产或销售业绩时，它以设定的目标为标准值，衡量目标的实际达成情况。目标达成效果越好，绩效得分越高。

目标考核的不足之处是让被考核对象过于关注结果而忽视了过程。比如销售团队为了冲业绩忽视了服务，导致顾客满意度下降，实际上牺牲了长期利益换取眼前利益，不利于企业的可持续发展。

2. 关键绩效（KPI）考核法

KPI 考核法针对的是团队的关键绩效指标，关键绩效指标不是泛泛的指标，而是对团队目标、效率和效益影响最为突出的指标。比如销售团队的关键绩效指标包括销售额和销售成本，生产团队的关键绩效指标包括产量、生产成本、质量合格率，服务团队的关键绩效指标包括顾客满意度等。

3. 平衡记分卡考核法

平衡记分卡考核法是在财务、顾客、内部运营、学习与成长四个方面均衡设定目标的考核方法，它关注的是团队全方位的业绩表现。

4. 360 度考核法

360 度考核法是一种收集他人评价的考核方法，不设定具体的考核目标或指标，只通过收集上下级、平级、顾客或供应商等的主观评价来衡量被考核对象的表现。由于他人的评价容易受主观因素影响，可能有失公正性。360 度考核法为主观测评，常见于对个人绩效的考评。对前台工作进行考核时，需要建立由上级领导评分、平行部门评分、顾客评分等维度构成的测评体系。

对前台工作的考核评估可以是以上方法中的一种，或是将多种考核方法结合运用。

五、与前台相关的公共技术知识

1. 猫的品种与特点

（1）常见长毛猫

1）波斯猫：性格相对独立，喜欢独处；习惯保持安静和沉默，通常不会大声叫喊或发出刺耳的声音，适合家庭生活；有显性遗传疾病，为多囊性肾病，会导致肾衰竭。建议每天梳理毛发一次。

2）布偶猫：性格独立，但内心很渴望陪伴，也特别喜欢黏着主人；天性温和，喜欢保持安静，很少会主动制造噪声，而且它们的发声格外好听，十分悦耳；有两种主要的显性遗传病，为肥厚型心肌病和多囊性肾病。建议每天梳理毛发一至两次。

3）缅因猫：性格非常独立，但对主人非常依赖；脾气好，性格柔顺，安静沉稳，勇敢聪明，很少发出叫声；有三种发病率高的遗传病，为肥厚型心肌病、丙酮酸激酶缺乏症和脊髓性肌萎缩症。建议每天梳理一次毛发。

4）苏格兰折耳猫：有长毛猫和短毛猫两种；有甜美的长相，对其他的猫或狗很友好；喜欢安静，不会轻易发出声音；有很多遗传倾向病，最常见有软骨发育不良和呼吸道狭窄，还可能有肥厚型心肌病、多囊性肾病和草酸钙结石等。建议每天梳理毛发一至两次。

（2）常见短毛猫

1）异国短毛猫：性情独立，喜静，不爱吵闹，喜欢注视主人却不会前去骚扰，大多数时间会自寻乐趣；常见的遗传病有呼吸困难、多囊性肾病。建议每周梳理毛发一次。

2）英国短毛猫：性格温和、安静，喜欢独处，不会过多依赖主人，但也不会对主人冷漠；常见的遗传病有多囊性肾病、肥厚型心肌病、血友病。建议每天梳理毛发一次。

3）美国短毛猫：性格独立，但对主人过于依赖，过度黏人；很少安静坐着，活泼好动、聪明可爱、生性警惕、温顺友善；常见的遗传病有肥厚型心肌病、多囊性肾病、颚骨畸形。建议 2～3 天梳理毛发一次。

4）俄罗斯短毛猫：性格独立，喜欢独处；非常乖巧，在主人呼唤时能及时应答并出现；常见的遗传病有渐进性视网膜萎缩、肾衰竭。建议每周梳理毛发一次。

5）暹罗猫：性格独立，喜欢独立的行动和生活；活泼好动、温柔亲人；常见的遗传病有软骨发育异常（折尾）、哮喘、视网膜衰弱。建议每天梳理毛发一次。

2. 免疫与驱虫

（1）免疫、驱虫基本概念

1）免疫程序：指的是根据当地疫情、动物机体状况（主要是指母源及后天获得的抗体消长情况）以及现有疫（菌）苗的性能，选用适当的疫苗，安排在适当的时间给动物进行免疫接种，使动物机体获得稳定的免疫力，包括免疫方式、免疫频率、免疫次数、免疫前准备、免疫后注意事项等。

2）基础免疫：预防接种过程中的第一次免疫接种。

3）基础免疫补充：为了保证基础免疫能起效而采取的补充措施。

4）加强免疫：在完成基础免疫后，经过一定的时间，体内的保护性抗体会逐渐减弱或消失，为使机体继续维持必要的免疫力，需要根据不同疫苗的免疫特性在一定时间内进行疫苗的再次接种。

5）驱虫程序：包括驱虫方式、驱虫频率、驱虫次数、驱虫前准备、驱虫后注意事项等。

（2）标准免疫程序（见表 3-1-1）

表 3-1-1 标准免疫程序

<table>
<tr><th>项目</th><th colspan="4">基础免疫</th><th colspan="3">基础免疫补充 / 加强免疫</th></tr>
<tr><td>方案</td><td>首免</td><td>二免</td><td>三免</td><td>四免</td><td>狂犬病免疫</td><td>首次加强免疫</td><td>定期加强免疫</td></tr>
<tr><td>年龄</td><td>8～10 周龄</td><td>首免 3 周后</td><td>14～16 周龄</td><td>—</td><td>三免同时或三免 3 周后</td><td>6～12 月龄</td><td>每年一次（或按需）</td></tr>
<tr><td>疫苗</td><td>三联苗</td><td>三联苗</td><td>三联苗</td><td>—</td><td>狂犬疫苗</td><td>三联苗</td><td>三联苗＋狂犬疫苗</td></tr>
<tr><td rowspan="3">抗体检测</td><td rowspan="2">免疫后</td><td>目的</td><td colspan="5">用于确定免疫效果（免疫后 3～4 周进行）</td></tr>
<tr><td>时间</td><td colspan="5">三免 / 四免的 3～4 周后；若狂犬单独最后注射，可安排狂犬与抗体同时</td></tr>
<tr><td>免疫前</td><td>目的</td><td colspan="5">判断是否能（需要）进行免疫，判断传染病的病程及预后</td></tr>
</table>

注：

1. 本免疫程序参考世界小动物兽医学会（WSAVA）2015 年编写的免疫指导手册制定。

2. 幼猫小于 4 周龄不建议进行免疫，首免最后一针建议在 14～16 周龄（WSAVA 最新建议是 16 周龄后以后进行，狂犬疫苗需要 12 周龄后才能进行注射）。首次加强属于完整的基础免疫的补充。

3. 猫三联苗：猫细小病毒、猫杯状病毒、猫疱疹病毒。

（3）标准体内驱虫程序（见表 3-1-2）

表 3-1-2　标准体内驱虫程序

内驱药物	驱虫谱						
	成分	线虫	心丝虫	绦虫	吸虫	原虫	体外寄生虫
①芬苯达唑	芬苯达唑	√	—	√	—	—	—
②双羟萘酸噻嘧啶	双羟萘酸噻嘧啶	√	—	—	—	—	—
③吡喹酮	吡喹酮	—	—	√	√	—	—
④大环内酯类	伊维菌素、阿维菌素、赛拉菌素、莫昔克丁、米尔贝肟、多拉菌素	√	√	—	—	—	√
内宠爱	②③	√	—	√	√	—	—
海乐宠 / 海乐妙	②④	√	√	—	—	—	√
爱沃克	④	√	√	—	—	—	√
大宠爱	④	√	√	—	—	—	√
博莱恩	③④	√	√	√	√	—	√
常规预防性驱虫时间	低风险 8～10～14（周龄）；高风险 4～6～8～10～14（周龄）；之后 1～3 月一次						
常规治疗性驱虫方式	连用 3 天驱虫药后，分别于 2 周后与 6 周后各重复一次；之后 1～3 月一次						

注：

1. “√” 代表药物说明书上能驱的寄生虫。

2. 带序号的为常用体内驱虫药的成分以及单方剂量；使用的安全性为① > ② > ③ > ④。

3. 不带序号的为常用体内驱虫药商品，剂量按说明书使用。

4. 商品化的驱虫药大部分为复方制剂，通过不同类型的驱虫药物组合，可以叠加驱虫谱，同时不良反应可能会有所增加，其中博莱恩混合了四种驱虫药，在常用产品中是混合最多的。

5. 含有④大环内酯类的产品都需要特别注意使用剂量。常用的大环内酯类药物安全性示意：米尔贝肟 > 赛拉菌素 = 莫昔克丁 > 多拉菌素 > 伊维菌素 > 阿维菌素。

（4）标准体外驱虫程序（见表 3-1-3）

表 3-1-3　标准体外驱虫程序

外驱药物	驱虫谱					
	成分	跳蚤	蜱虫	虱类	耳螨疥螨	蠕形螨
①大环内酯类	伊维菌素、阿维菌素、赛拉菌素、莫昔克丁、米尔贝肟、多拉菌素	√	√	√	√	√
②非泼罗尼	非泼罗尼	√	√	√	—	—
③甲氧普烯	甲氧普烯	√	—	—	—	—
④吡虫啉	吡虫啉	√	√	√	—	—
爱沃克	①④	√	√	—	√	—
大宠爱	①	√	√	√	—	—
博莱恩	①②③	—	√	—	√	—
福莱恩	②③	—	√	√	—	—
最早外驱时间	10 周龄，即使产品有注明可以早于此时间，也需要格外注意					
外驱频率	根据产品的特点，按照说明书频率可以增加或减少，频率提高到一定程度后继续提高对驱虫效果不会有继续增加，只会增加副作用的机会					
各种剂型特点	口服	经血，作用快，浓度高，持续时间长（也和药物特点有关），不怕水				
	滴剂	经皮脂、毛细血管吸收，作用较慢，浓度较高，持续时间较长，怕水				
	喷剂	直接接触，作用最快，浓度最高，持续时间较短，怕水				
	脖圈	经皮脂，作用慢，浓度较低，持续时间长，怕水				
	洗剂	直接接触，作用最快，浓度最高，持续时间短				

注：

1. “√”代表药物说明书上能驱的寄生虫。

2. 带序号的为常用体外驱虫药的成分。

3. 不带序号的为常用体外驱虫药的商品名，剂量按照说明书使用。

4. 博莱恩创新性将乙酰氨基阿维菌素、吡喹酮、非泼罗尼、甲氧普烯四种药物成分合四为一，可以高效对抗多种体内、体外寄生虫。

3. 宠物营养学知识

（1）三大营养素的主要功能及猫的需求（见表 3-1-4）

表 3-1-4　三大营养素的主要功能及猫的需求

营养素	碳水化合物	蛋白质与氨基酸	脂肪
主要功能	供能，维持肠道健康	供能，构建身体组织的重要成分，维持机体抵抗疾病的能力（蛋白质含量越高，食物适口性越好）	供能，维持生理机能，适量增加可提高食物适口性
供能量（kcal/g）	4	4	9
需要量与影响因素	只要猫粮中含有充足的脂肪和蛋白质，生长期和成年维持期的猫就能通过糖异生途径满足葡萄糖的代谢需要，所以碳水化合物的需要量在猫粮中的含量不固定	需要量：26%～30（40）% 需要量增加的影响因素：生长期、疾病康复期、饲喂高能密度食物 需要量降低的影响因素：蛋白质品质高、氨基酸组成均衡、蛋白质消化率高	需要量：8%～13% 需要量增加的影响因素：运动量大、生长期、哺乳期
来源或分类	糖类：单糖和多糖 膳食纤维：水溶性和不溶性	动物性蛋白：鱼、肉、蛋、乳等 植物性蛋白：大豆等 必需氨基酸：机体无法合成，必须通过食物摄取 非必需氨基酸：可通过必需氨基酸在机体合成	动物性油脂、植物性油脂
不足与过量	糖不足：低血糖、组织流失等 糖过量：肥胖、糖尿病等 膳食纤维不足：便秘等 膳食纤维过量：软便、腹泻等	不足：发育不良、毛质变差、体重减轻等 过量：肥胖、肝肾疾病等	不足：发育障碍、皮肤问题等 过量：脂肪泻、肥胖、胰腺炎、肝病等
猫与人营养需求差异	基本一致	人：9 种必需氨基酸 猫：9 种必需氨基酸 + 精氨酸 + 牛磺酸	基本一致

（2）猫不同生命阶段的饲喂管理

1）基础饲喂方案

①猫的饲喂方案主要包括自由采食饲喂方式、控制时间饲喂方式和控制量饲喂方式。

②应根据猫的每日能量需求，选择合适的饲喂方式，并根据体重的变化调整饲喂量。猫的每日能量需求见表 3-1-5，表中 RER 全称 resting energy requirement，即静息能量需求。

表 3–1–5　猫的每日能量需求

kg	RER	kg	RER	kg	RER
0.5	42	3.5	179	8.0	333
1.0	70	4.0	198	9.0	364
1.5	95	4.5	216	10.0	394
2.0	118	5.0	234	11.0	423
2.5	139	6.0	268	12.0	451
3.0	160	7.0	301	—	—

2）掌握新生期、生长期、成年维持期、高龄期、怀孕期与哺乳期等不同阶段的营养饲喂管理。

（3）宠物食品区分及质量判断

1）宠物食品一般可以分为干粮、半湿粮和湿粮，其营养特点见表 3–1–6。

表 3–1–6　不同类型宠物食品的营养特点

项目	干粮		半湿粮		湿粮	
	以 AF 记	以 DM 记	以 AF 记	以 DM 记	以 AF 记	以 DM 记
水分	6～10	0	15～30	0	75	0
脂肪	7～20	8～22	7～10	8～14	5～8	20～32
蛋白质	16～30	18～32	17～20	20～28	7～13	28～50
碳水化合物	41～70	46～74	40～60	58～72	4～13	18～57
ME（kcal/kg）	2 800～4 050	3 000～4 500	2 550～2 800	3 000～4 000	875～1 250	3 500～5 000
优点	①经济实惠 ②易于保存和饲喂 ③采食时有助于减少牙结石		①适口性好 ②可以分次饲喂		①适口性好 ②可以促进水的摄入（猫）	
缺点	①适口性相对差一些 ②不同品牌品质差异较大，会影响适口性、消化率、吸收率		与湿粮类似		①价格较贵 ②营养一般不是全价的（也有全价的，需要标注）	

注：AF 代表实测值，DM 代表干物质，ME 代表代谢能。

2）能通过营养标签、原料表、食品来源等判断食品质量。

（4）猫不能饲喂的食物

猫不能饲喂的常见食物有葱、洋葱、葡萄、巧克力、生鸡蛋、牛奶、鸡鸭类的骨头、肝脏、猪肉、绿色的番茄和生马铃薯等。

4. 动物行为学知识

（1）学习动物行为学的意义

1）利用对动物行为的认知，更高效、安全、专业地进行作业。

2）识别服务对象的正常行为与异常行为。

3）帮助宠物主人更好地进行宠物的家庭养护。

4）通过掌握动物行为学，了解正确的宠物训练观，进行行为纠正或行为训练。

（2）行为学基础概念

1）反射。动物的行为可以简单地看作是动物对外界或内部感觉刺激的一种反应，最简单的反应就是反射。在脊椎动物中，多数反射弧都只到达脊髓，少数反射弧可到达脑干。因此，反射活动不受脑的高级中枢控制，大多属于无意识的活动。反射可以区分为条件反射和非条件反射。

条件反射：刺激和反应之间的联系是后天获得的。

非条件反射：刺激和反应之间的联系是先天的，也就是说，反应只能被一定的刺激（遗传因素）所引起而不受其他刺激影响。

非条件反射包括很多保护性反射（闭眼反射、瞳孔反射、呕吐反射等）、膝跳反射、维持身体姿势和平衡的反射、唾液反射等。非条件反射的消失、增强、减弱，主要提示神经系统存在问题或者是存在严重的系统疾病问题，一旦发现应高度重视。

2）本能与学习。本能是一种可以遗传的复杂反射，如蜜蜂生来就有飞向花朵和寻找蜂蜜的行为趋势。学习，在这里指动物借助经验的积累而改进自身行为能力的行为。

（3）动物学习（训练）的类型

1）用于行为训练的学习

①习惯化：动物学会对特定刺激不发生反应，因为这些刺激可能经常遇到而且无害。

习惯化学习的应用：猫对某种陌生的声音害怕，通过经常在安全的环境中播放这种声音令猫形成习惯化，不再害怕这种声音。

②条件反射：通过条件刺激和非条件刺激的先后出现，建立新的条件刺激反应。

条件反射学习的应用：响片训练（正面强化）；带电项圈、地板的刺激（正面惩罚）；跟随训练（负面强化）；降低攀爬行为的训练（负面惩罚）；坐、卧、握手等的训练。条件反射的类型如图 3-1-2 所示。

③玩耍：可表现为多种方式，如假装战斗和追逐和玩玩具等。关于玩耍的生物学功能存在各种假说，如改善身体条件，发展社会技能、加强社会联系以及帮助动物学会并完善一些特定的技能。

玩耍学习的应用：自己玩（玩具），和（主）人玩（玩具），动物之间玩（玩具）。

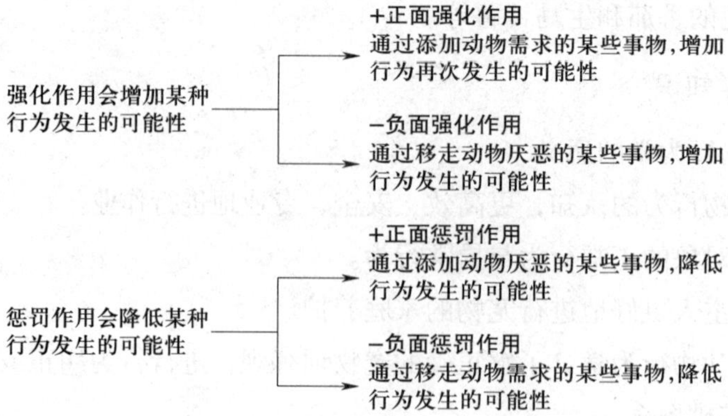

图 3–1–2　条件反射的类型

2）其他学习类型：潜在学习、模仿、印记、学习集、顿悟学习等。

（4）动物行为的识别与区分（见表 3–1–7）

表 3–1–7　动物行为的识别区分

分类	简单定义	如何面对	举例
正常行为	正常且不会引起人类困扰的行为	规矩制定	吃、喝、二便、生殖
“异常”行为	没有了解人类规矩的正常行为	学习、训练	“不规矩”的吃、喝、二便
	可能会引起人类不悦的正常行为	接受、替代	标记、捕猎
	因为正常行为无替代选择而出现	替代	咬人、扑人
异常行为	由于病理问题引起的行为	就诊与护理	疼痛、分离焦虑

5. 猫的行为学基础

（1）猫的基本行为。猫的五大基本行为（见图 3–1–3）对猫来讲极为重要，几乎构建了猫日复一日的生活，只要猫没有生病，它就会坚持完成这五大基本行为。反之，如果猫病了，它就无法完成这五大基本行为，因此可借此观察猫的生理状态，对主人来说，也是很好的判断猫健康的标准。

（2）为猫咪环境丰容。环境丰容的重点一般围绕五大基本行为指标，通过丰容，可以减少猫大约一半的行为问题。

1）独立、固定的喂食区：食盆区域可以固定，水可以多处放置，流动的水对于猫来讲更有吸引力。

2）安心的便盆区：猫的便盆放置区要做到安心、安全、安静，同时多猫家庭猫砂盆数量应该是 $n+1$（n 为猫的数量）。

3）放松休息区。

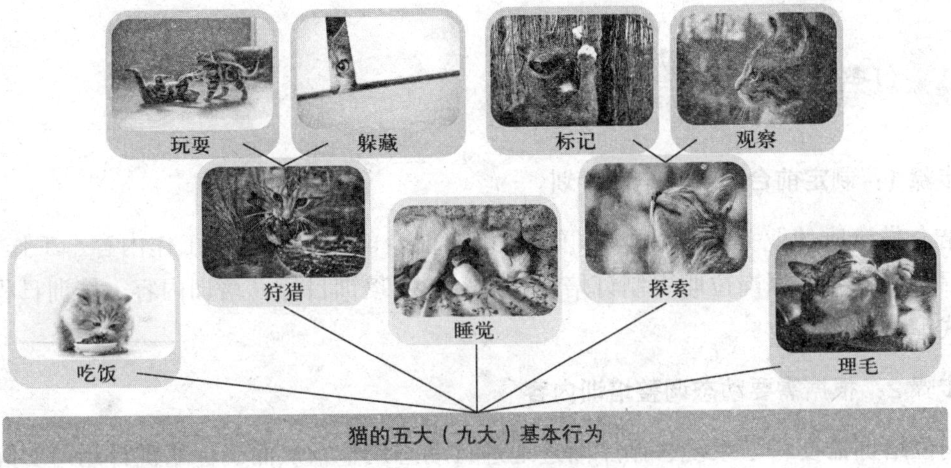

图 3–1–3　猫的基本行为

4）高处景观区。

5）丰富巡逻区。

6）磨爪标记区。

7）埋伏游戏区。

（3）与陌生猫的接触方法

1）不直视猫。

2）不主动抱猫。

3）零互动让猫降低防备。

4）进行接触练习。

5）找出猫可接受的触摸部位和时机。

6）尊重猫的性情与反应。

7）学会通过叫声、眼神和耳朵、尾巴的动作感知与辨别猫的情绪。

任务实施

一、工作流程图（见图 3–1–4）

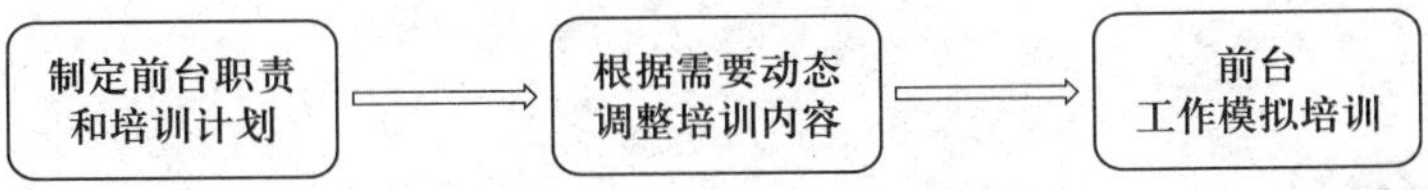

图 3–1–4　工作流程图

二、任务实施过程

步骤 1：制定前台职责和培训计划

结合猫诊所的业务重点和顾客群体，确定前台的职责，包括工作内容、工作能力、工作目标等，并根据岗位职责制订培训计划，包括培训目标、培训内容、培训日程、培训方式等。

步骤 2：根据需要动态调整培训内容

岗位培训需要科学系统、循序渐进地进行动态调整，从而确保培训计划与实际需求合理衔接。随着猫诊所的正常营业，应根据工作实际需要动态调整前台岗位的培训内容。

步骤 3：前台工作模拟培训

根据前台的工作职责，进行前台模拟培训。通过真实场景模拟，提高前台人员的工作能力。

任务拓展

请为猫诊所设计前台的岗位培训计划，包括培训目标、培训内容、培训日程、培训方式等，并能模拟前台的接待流程。

学习任务 3.2 猫诊所美容工作管理

学习目标

1. 能根据宠物美容的接待流程进行美容顾客的接待。
2. 能按照标准实施美容护理操作和洗浴操作。

建议学时

8 学时

任务描述

猫诊所来了位携带英国短毛猫的顾客，作为猫诊所里的宠物美容师，请根据相关美容工作要求接待顾客，并对该英国短毛猫进行美容护理作业和洗浴作业。

任务分析

宠物美容是猫诊所常见业务之一，要求宠物美容师具有高度的责任感、热爱宠物，并具备良好的沟通能力、适应能力和服务意识，熟悉宠物美容的基本知识，能够为宠物提供专业的护理，能根据美容顾客的接待流程进行接待，能准备美容护理的工具，按照标准对猫的耳部、眼部、指甲、毛发、牙齿等进行护理，并能按照洗浴流程和操作标准进行洗浴操作。

相关知识

一、宠物美容师工作守责

（1）追求卓越，追求创新，打造专业壁垒。

（2）具有责任感、事业心、大局意识，对工作精益求精。

（3）坚定诚信理念，树立诚信意识。

（4）奉行企业的文化理念和经营模式，提高工作效率。

（5）对宠物和顾客充满爱心，灵活为顾客提供真诚、高效的服务，做到让顾客满意。

（6）强化市场观念和竞争意识，讲求优质服务和经济效益。

（7）严格遵守猫诊所各项规章制度，做到令行禁止，执行力强。

（8）讲究文明礼貌，注重仪容仪表，做到尊重他人、礼貌待人，使用文明用语。

（9）发扬团队精神，维护猫诊所整体形象，部门之间、上下级之间、员工之间相互尊重，密切配合，团结协作。

（10）培养正直的品格，勤奋敬业、遵纪守法。

二、宠物美容师工作岗位业务要求

（1）将宠物健康知识、健康护理知识、疾病预防知识当作核心技能，不断深挖其内涵。

（2）持续关注动物福利、动物行为，尊重动物天性。

（3）主动参加文化、技术、业务能力培训，不断提高自身的职业素质。

（4）刻苦钻研业务，精通本职工作，熟练掌握与本职工作相关的业务知识，不断提高自身专业技术水平。

（5）苦练基本功和操作技能，精通业务规程和岗位操作规范，不断提高分析、认识、解决问题的能力。

（6）不断充实、研发业务知识和工作技能，努力学习和运用最新的科学技术。

（7）奉行“不抛弃、不放弃、不拉下、不落后”的团队精神，主动积极承担帮助工作伙伴提升技能的责任。

三、猫诊所美容工作岗位应掌握的知识与技能（见表3-2-1）

表3-2-1 猫诊所美容工作岗位应掌握的知识与技能

序号	应掌握的知识与技能	
1	与猫相关的知识与技能	猫的品种
		猫解剖学
		猫行为学和应激表现
		猫的保定技术
		猫的营养学
		常见猫体内外寄生虫的治疗
		猫皮毛类型及功能
		猫一般皮肤问题的识别
2	猫美容相关的知识与技能	各品种猫的标准美容造型
		美容工具和装备
		美容工具的清洁与保养
		洗浴产品
		安全防护
		卫生与消毒
		浴前体检
		美容护理
		入门级洗浴流程
		幼年动物美容
		老年动物美容
		干洗技术
		梳毛、开结、除底绒
		美容饰品的制作

续表

序号	应掌握的知识与技能	
3	接待服务的知识与技能	美容礼仪与团队合作
		美容业务管理
		美容预约与结账
		顾客服务基础
		宠物主人沟通技巧
		销售技巧
		顾客管理

四、猫诊所常见美容服务项目（见表 3-2-2）

表 3-2-2 猫诊所常见美容服务项目

序号	类别	项目
1	美容护理	（1）耳部护理、眼部护理、刷牙、剪指甲 、挤肛门腺 （2）美甲（属于争议性操作） （3）美容断甲（属于争议性操作） （4）脚垫护理 （5）开结 （6）除底绒 （7）按摩 （8）包毛 （9）局部修剪：眼周毛、下巴毛、脚底毛、肛周毛、导尿毛
2	洗浴	（1）标准洗浴 （2）短毛 / 长毛 / 厚毛洗浴 （3）祛油（含黑下巴、油尾巴、腹部黑头、阴囊黑头） （4）药浴 （5）干洗
3	SPA	（1）常规 SPA （2）香薰 SPA （3）功能 SPA （4）盐浴、泥浴 （5）牛奶浴、艾草浴、水果浴、花茶浴、啤酒浴、红酒浴 （6）中药 SPA：艾浴、艾疗 （7）水中复健
4	造型修剪	—
5	创意染色	—

五、宠物美容接待流程管理（见图 3-2-1）

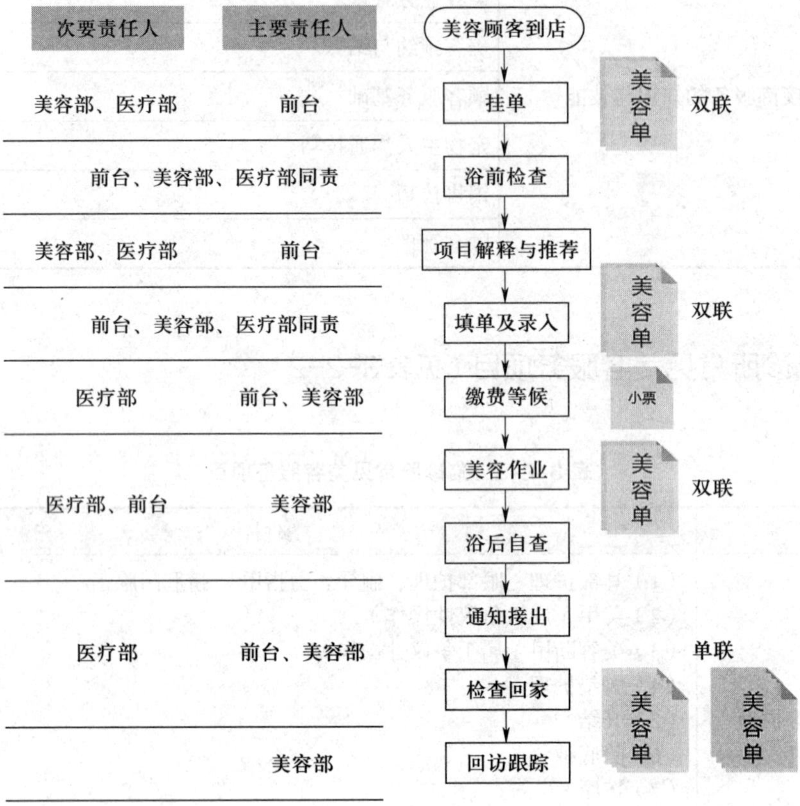

图 3-2-1　宠物美容接待流程

（1）挂单。对于预约的顾客可以提前填写美容单抬头，减少顾客等待时间；对于现场到店顾客要初步了解所需美容服务项目。

（2）浴前检查。洗浴前需要仔细检查宠物猫身体是否有伤口或者皮肤病症状，例如皮肤破损、红肿、潮湿、发炎等情况。若有这些情况需要及时就医或者推迟洗澡时间，以免加重症状或者传染病菌。同时需要注意，如果宠物猫处于怀孕、哺乳期或者近期刚刚接种疫苗，也需要在洗浴前咨询宠物医师是否可以进行洗浴。

1）正常猫的基本特征

①对所处的环境感兴趣。

②行动正常。

③进食和饮水量正常。

④眼睛明亮、无分泌物。

⑤鼻尖干净、凉爽、湿润。

⑥耳朵内无污垢、无异物。

⑦牙齿亮白，口腔无明显异味。

⑧牙龈粉红色。

⑨体温正常。

⑩皮毛富有光泽。

⑪肛门处无粪便。

2）不适合进行美容操作的猫

①老年猫（大于8岁）。

②精神紧张，有攻击性的猫。

③未接种疫苗的猫。

④免疫接种未满1周的猫。

⑤手术伤口未愈的猫。

⑥患皮肤病的猫。

⑦听诊有心杂音的猫。

⑧有癫痫史或医师感觉洗澡会有生命危险的猫。

⑨拒绝接受基础体检的猫。

⑩有明显临床症状的猫。

若猫出现以上情况，优先建议转医疗部，若顾客强烈要求美容的，需要签署美容操作风险告知书。

（3）项目解释与推荐。

（4）填单及录入。

（5）缴费等候。一般顾客付费后再进行服务。

（6）美容作业。作业前检查美容单，填写不完整应补充完整，先阅读美容单再进行操作。

（7）浴后自查。美容师操作完成后，需要先进行一次自查再交接给前台。

（8）通知接出。

（9）检查回家。猫离开诊所前，需要在顾客面前进行一次检查交接后方可离开。

（10）回访跟踪。按照顾客管理要求及规定，进行回访跟踪。

任务实施

一、工作流程图（见图 3-2-2）

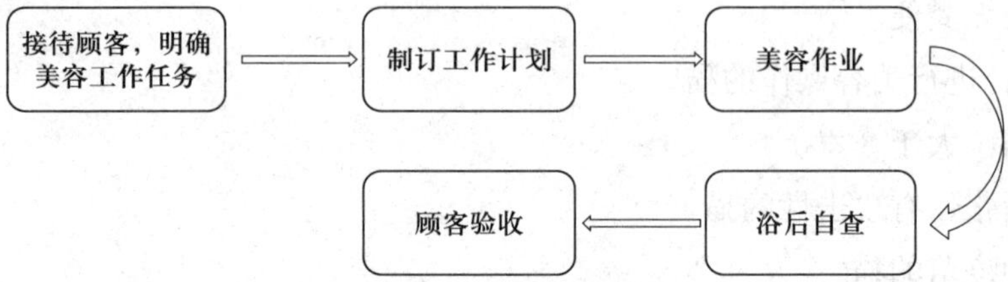

图 3-2-2　工作流程图

二、任务实施过程

步骤 1：接待顾客，明确美容工作任务

按流程接待顾客，明确顾客需求，并根据顾客需求推荐美容服务项目，填写美容工作单。

步骤 2：制订工作计划

根据美容工作流程和规范，合理制订美容工作计划。

步骤 3：美容作业

准备相关美容和洗浴工具，按照操作标准对猫的耳部、眼部、指甲、毛发、牙齿等进行护理；按照洗浴流程进行洗浴操作，操作结束后收拾整理工具和清洁现场。

步骤 4：浴后自查

美容师操作完成后，需要先进行一次自查再交接给前台或顾客。

步骤 5：顾客验收

离开诊所前，需要在顾客面前再进行一次检查，确认符合顾客要求再进行交接。

任务拓展

一名顾客对自己的宠物猫进行美容后的美容效果不满意，请思考应该怎么处理这个问题。

学习任务3.3 猫诊所医疗工作管理

学习目标

1. 能做好猫诊所诊室的基础配置工作。

2. 能根据诊疗活动的工作流程和要求，进行猫的诊疗活动。

建议学时

16学时

任务描述

猫诊所即将开业，作为医疗工作管理的负责人，应在猫诊所开业前，对猫诊所的各个医疗场地进行基础配置，并在开业后能进行规范的诊疗活动。

任务分析

猫诊所的医疗场地一般包括门诊诊室和药房，规模稍大的猫诊所会设有住院区、检验室、手术室和影像室等。本任务需要根据不同医疗场地特点分别进行基础配置，并根据诊疗活动的工作流程和工作规范开展医疗工作。

相关知识

一、门诊工作管理

1. 门诊工作要求

（1）医疗助手工作要求

1）能进行简单的导医与分诊。

2）能在导医过程中推荐院内合适医师。

3）能配合医师完成门诊接待工作。

4）能独立完成宠物猫体检作业的操作，并能出具体检报告。

5）能对体检异常情况进行鉴别，并能向医师进行汇报。

6）能使用门诊常用工具并了解各个工具对应的适应证和操作方法。

7）能与顾客针对协议进行沟通，并引导其填写门诊相关协议。

8）能根据国际通用和国内常规的免疫程序，对宠物猫实施免疫，并出具相关报告。

9）能根据国际通用和国内常规的驱虫程序，对宠物猫实施驱虫。

（2）宠物医师工作要求

1）能对宠物猫进行专业检查，书写病例，并出具诊断和治疗方案。

2）能对宠物猫免疫、驱虫出现的不良反应做出合适的应对。

3）能对宠物猫实施治疗，包括手术、药物治疗、理疗等。

4）了解诊室建设基础要求。

5）能进行诊室的工作流程管理。

6）能进行诊室的猫管理。

7）能进行诊室的环境管理。

2. 诊室建设基础要求

（1）通用设备：空调、紫外线灯。

（2）作业工具

1）常规工具：专用抹布、专业消毒液、消毒喷壶、免洗洗手液、已消毒标识、猫玩具等。

2）接待工具：空白诊疗类表单等。

3）作业工具：尿垫、毛巾、医学模型等。

4）检查工具：温度计（耳温枪）、婴儿秤、听诊器、叩诊锤、棉签、伍德灯、猫用柔软纸巾等。

（3）办公设备：电脑、打印机等。

（4）公示内容：门诊接诊流程、顾客科普知识宣传栏、医师荣誉墙、医师经历墙（培训证书、授课证明、聘书等）、专科介绍信息、专科医师信息（医师特色简介、医师工作名牌、微信二维码）等。

3. 门诊宠物管理

（1）一个诊室内不得同时接诊 2 个及以上病例（同一家庭的宠物猫除外）。

（2）不得携犬只进入猫诊室。

（3）看诊宠物猫在诊室等候期间，如果无人看管应放入猫包。

（4）未免疫的宠物猫应限制于桌面活动，避免其在诊室各个角落移动（杜绝潜在卫生死角）。

4. 门诊环境管理

（1）保持诊室内清洁、整齐、安静、严肃。有异味的物品不得放于诊室垃圾桶内。

（2）接诊时，诊室门必须保持关闭状态，空气系统、照明系统必须适度打开。

（3）每诊断完一只宠物猫后，必须做好诊台消毒工作才能接待下一只宠物猫。

（4）诊台不处于工作状态时，台面必须放置已消毒标示牌。看诊时，将消毒标识移开，消毒完成后，重新放置。

（5）诊室每天上班前或下班后，应进行紫外线消毒 60 min。

（6）诊室内展示的药品必须符合《药品经营质量管理规范》要求。

（7）诊室内不摆放与医疗无关的销售产品。

5. 门诊接待

（1）门诊接待流程（见图 3-3-1）

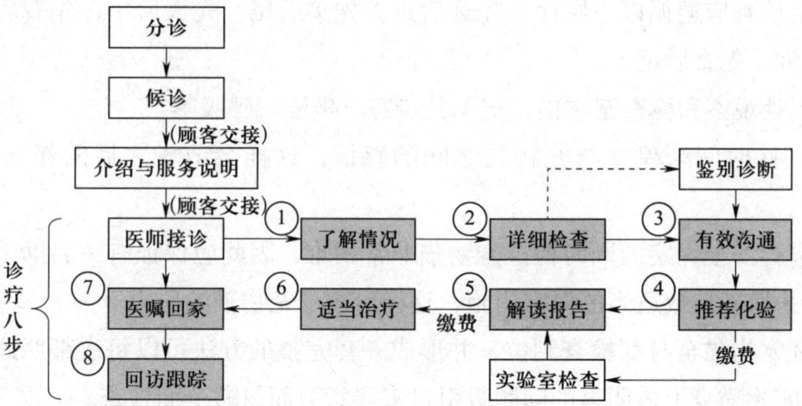

图 3-3-1　门诊接待流程

（2）门诊接待的人员分工

1）前端服务人员。前端服务人员一般由前台担任，前台不在岗时，医疗部、美容部人员可兼任。

前端服务流程如下。

①分诊（按门诊类型区分）。

②顾客信息登记→挂号→确定接诊医师 / 跟诊助理→将顾客交接给跟诊人员。

2）跟诊人员。跟诊人员一般由医疗助理担任，医疗助理不在岗时，医师或其他部门兼任。

跟诊人员服务流程如下。

①关注候诊顾客，并给予实时帮助（倒水、提供点心、安抚情绪等）。

②进行基础检查→系统登记→安抚顾客情绪。

③在医师接诊过程中进行协助（安抚宠物猫、保定等）。

④准备实验室化验的相关物品，并安排化验顺序，化验结果录入系统及打印报告。

⑤确认缴费情况并进行配药和用药（需要办理住院的办理相关手续并安置宠物猫）。

⑥检查药品及物品是否都交付顾客，嘱咐家中用药及护理事项，确认其知悉。

⑦协助顾客离开。

⑧完成接诊室的卫生整理工作。

3）接诊医师。接诊医师服务流程如下。

①沟通病情→详细检查→开具化验→诊断告知→开具处方→住院申请→医嘱设置→回访设置。

②在系统中详细记录宠物猫病情及诊断结果。

6. 门诊体检

（1）体检要点

1）体格检查应遵循以下顺序：先远后近，先头后尾，先大后小，先看后摸，先外后内，边查边询，先查后记。

2）从远处观察和检查宠物猫，记下其步态、坐姿、呼吸等。

3）花一些时间来建立与宠物猫之间的感情，这样会节省之后的作业时间并减少应激。

4）在进行安全保定的同时检查宠物猫非常困难，因此应保证有一名助手进行宠物猫保定。尽量采取简单或适当的保定措施，这样可减少宠物猫的压力。

5）保证宠物猫全身都检查到位，并形成一套完整的方法可以每次都照此实行。检查时应避免被宠物猫身上最明显的问题吸引过多注意力而忽略全面检查。

6）做好记录。

（2）体检流程（见图3-3-2）

二、检验工作管理

1. 作业要求

（1）能使用猫诊所常规的实验室设备，并进行维护和保养。

（2）能分析不同染色液的用法和区别。

（3）能正确使用显微镜。

（4）能对粪便、尿液、血液、血浆、胸腹水的外观进行描述。

（5）能正确运用不同采集方法实施粪便样本的采集。

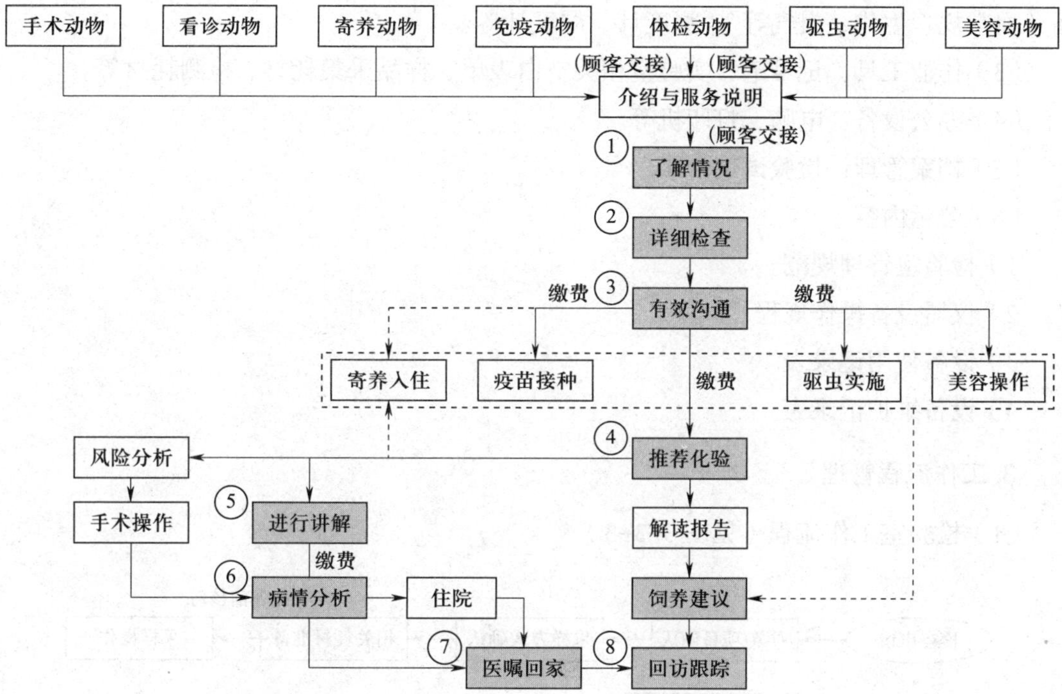

图 3-3-2　体检流程

（6）能正确制备粪便涂片。

（7）能正确实施尿液样本的采集，并掌握不同的采集方法，能分析各种方法的优缺点。

（8）能正确使用尿液试纸进行尿液分析。

（9）能正确准备尿液沉渣样品，用于显微镜检查。

（10）能正确使用折射仪测定尿比重以及血浆蛋白含量。

（11）能正确实施血液样本采集。

（12）能制备血液涂片，并区分常见的血液细胞。

（13）能正确进行交叉配血试验并能正确判读结果。

（14）能说出血常规的检测原理与检测内容。

（15）能正确使用各种血清检测试剂盒。

（16）能正确使用各种病原检测试剂盒。

（17）能根据不同类型的皮肤检查正确准备采样用品。

（18）能说出送检流程与注意事项。

2. 检验室建设基础要求

（1）检验室在猫诊所内必须划分为相对独立空间，并可形成封闭区域。

（2）配置设备：不间断电源（UPS）、显微镜、天平、离心机、折射仪、血液检查设备（血常规、生化、血气等）、温度计、湿度计等。

（3）作业工具：记号笔、实验室相关空白表单、样品采集耗材、检测耗材等。

（4）办公设备：电脑、打印机等。

（5）档案管理：检验试剂台账。

（6）公示内容

1）检验室管理规范。

2）仪器设备操作规程。

3）设备使用记录表。

4）设备维护记录表。

3. 工作流程管理

（1）检验室工作流程（见图 3–3–3）

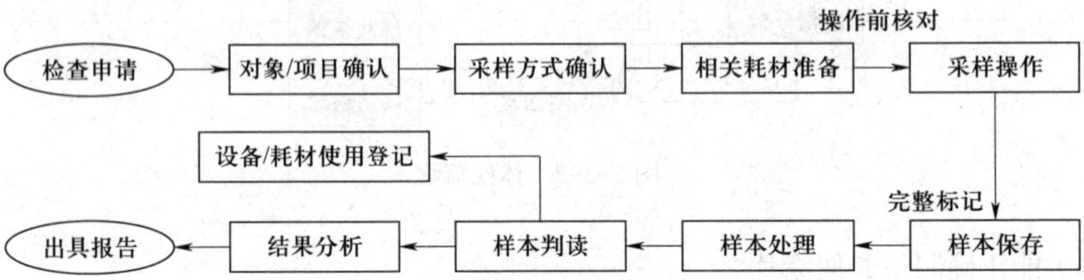

图 3–3–3　检验室工作流程

（2）检验室日常工作

1）工作时应提前检查并开启设备。下班后必须检查并关闭设备电源。

①根据设备使用要求，每日关闭或打开设备前，必须按要求进行日校准。

②部分设备需要 24 h 开启的，应有 24 h 运作标识。

2）检验室工作人员必须遵循检验作业流程实施检验作业。通过对应项目或设备培训且获得检验操作资格的人员才具有样本处理和判读的资格。

3）每项检验操作均必须按猫诊所要求做好设备、耗材使用登记，需要使用耗材的检验必须做好登记并进行月末统计（耗材报废亦须填写报废登记表）。

4）按标准方法采样，采样后样本做好标记并保存。根据实际情况进行样本处理，各种样本保存必须按其特性进行，保存条件不符合或超过保存允许时间的样本必须作废。

5）在检验过程中，检验人员必须保管样本至检验完毕，耗材、工具、设备等使用后必须及时归位。

6）及时添补耗材及各种试剂，保证检验室基本的检验工作。

（3）检验室每周工作

1）盘点检验室耗材使用情况，根据耗材使用频率制订耗材采购计划。

2）核对本周设备使用登记与设备使用是否一致。

3）对需要每周维护一次的设备进行维护与校准，并进行记录。

（4）检验室每月工作

1）汇总本月检验设备使用情况，并进行有效分析。

2）对需要每月维护一次的设备进行维护与校准，并进行记录。

4. 检验室人员管理

（1）检验室由专人负责，检验员、巡查人员、盘点人员、宠物医师以外的人员和宠物未经许可不得进入检验室。

（2）不具备检验操作认证资格的人员禁止私自使用耗材及操作设备。

5. 检验室环境与物品管理

（1）各种检验设备应摆放整齐，非检验室物品不得堆放于检验室中。

（2）检验室内试剂应有规范的标签，按要求的条件存放。易燃、易爆、有毒有害的物品单独存放。

（3）检验室应配备专用消毒设施。

（4）用简易标识划分接样与样品处理区、检测区。

（5）检验室内不得吃、喝、抽烟、用手接触隐形眼镜、存放个人物品（化妆品、食品等）。

（6）生活垃圾，医疗垃圾和生物污染垃圾进行分类存放。

（7）检验室内需要设置化学污染标志。

6. 检验室安全管理

（1）需要持续运作的设备必须连接 UPS，避免电压异常以及供电异常导致设备损坏。

（2）所有设备应在显眼处放置设备使用说明（或有使用说明存放位置的指示）。

（3）检验人员要严格遵守仪器设备操作规程，如果违反操作规程导致损失，相关人员必须全额赔偿。

（4）如果样本处理不当或设备使用不当会造成检验结果异常或设备损害的，必须有明确警示提醒标识。

（5）每台设备应指定至少一名负责人，并在明显处放有设备维护登记表。

（6）设备负责人必须按要求定期保养与校准设备，并进行登记，如果发现设备异常应及时上报。

三、影像工作管理

1. 作业要求

（1）了解院内已有的辐射安全措施。

（2）了解填写 X 射线检查记录表的方法。

（3）掌握 X 射线检查的术语和缩略词。

（4）掌握 X 射线检查过程中正确的宠物猫保定和摆位。

（5）掌握常见疾病的 X 射线检查要求。

（6）掌握 X 射线拍摄时的条件设置，并了解各个条件的主要意义。

（7）能对影像结果的拍摄质量进行判断，并知道如何改进。

（8）了解常用的 X 射线造影技术，并知道各个造影技术的操作流程。

（9）了解各种 X 射线造影的适应证、禁忌证、注意事项。

（10）能进行超声检查前的准备工作。

（11）能使用超声进行至少 3 个单器官的简单检查，并对检查结果进行描述。

2. 影像室建设基础要求

（1）配置设备：DR、防护设备等。

（2）作业工具

1）操作与防护工具：辐射防护工具（铅服、铅围脖、铅眼镜、铅帽等）、摆位辅助工具（V 形槽等）。

2）安全许可工具：辐射监测仪器、辐射工作上岗证。

3）办公设备：电脑。

（3）公示内容：影像室管理规范、应急管理规定、辐射防护和安全保护制度、DR 检修维护制度、标准摆位图谱、设备使用登记表、辐射记录表、辐射安全许可证等。

3. 工作流程管理

（1）DR 拍摄流程（见图 3-3-4）

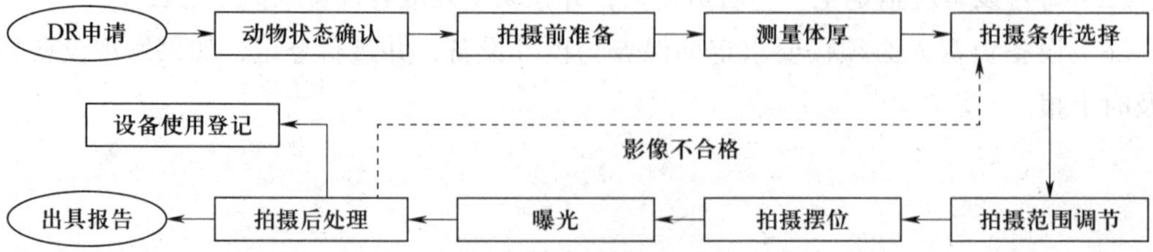

图 3-3-4　DR 拍摄流程

（2）DR 拍摄原则

1）安全原则：操作应保证宠物猫与人员安全。

2）最少原则：应保证拍摄人数最少，拍摄次数最少，杜绝操作失误导致的重复拍摄。

（3）作业前“三确认”

操作前应确认宠物猫身体状况是否允许操作、宠物医师是否沟通操作风险、是否需要辅助设备。

4. 影像室人员管理

（1）影像室由专人负责管理，非有影像操作权限的人员不得入内，更不得操作设备。

（2）放射设备操作人员必须使用防护工具，定期进行健康检查。

（3）影像室需要取得辐射安全许可证，并具备至少 2 名获得辐射工作上岗证的操作人员。

5. 影像室动物管理

（1）呼吸困难的猫应吸氧缓解后再实施拍摄，或边吸氧边操作（操作前必须与宠物主人签订风险告知）。

（2）呼吸困难的猫，在拍摄时采取仰卧位等部分摆位可能加重症状，导致生命危险（操作前必须与宠物主人签订风险告知）。

（3）不能强制过度紧张及攻击性强的宠物猫拍摄，必须建议宠物主人实施镇静后再拍摄，避免意外伤害。

6. 影像室安全管理

（1）铅服用完后必须挂在墙上，不能折叠，以免造成破裂发生漏铅。

（2）DR 平板位于台面下方，平板不能沾水及浸泡，一旦液体可能渗入台面下方，必须及时检查处理。

（3）杜绝发生射线辐射事故。

（4）严格按照设备操作、保养规程工作，设备检查应指定专人负责。

四、药房工作管理

1. 作业要求

（1）能描述如何精确配药，并且理解精确配药的重要性。

（2）能读懂处方，并能解释其中的内容。

（3）能正确阅读药品说明书和标签，并解释其中的含义。

（4）能进行药房药品的存放。

（5）能进行药品的标记。

（6）能计算总药量，并能分割药物。

（7）能进行药量稀释的计算和药物单位的换算。

（8）能进行药房工作的信息核对。

（9）能规范应用处方单。

（10）能指导顾客正确进行家庭用药。

（11）能根据制造商的说明，演示如何在药房内正确储藏药物。

（12）能配制不同剂型药物。

（13）能说出猫诊所常用药物目录中至少 20 种常用药物的基础知识。

2. 药房建设基础要求

（1）药房必须划分为相对独立空间，并可形成封闭区。

（2）配置设备：电子天平、冰箱等。

（3）作业工具：药品、砂轮、注射用耗材（注射器、可更换针头、碘伏、酒精棉等）、弯盘、分装工具、药袋、记号笔、垃圾桶（生活、医疗）等。

（4）办公设备：暂无统一要求。

（5）公示内容

1）药房管理规范。

2）常用药物使用提示（药物使用剂量、配伍禁忌列表等）。

3）常用药物书籍。

3. 工作流程管理

（1）药房作业流程（见图 3-3-5）

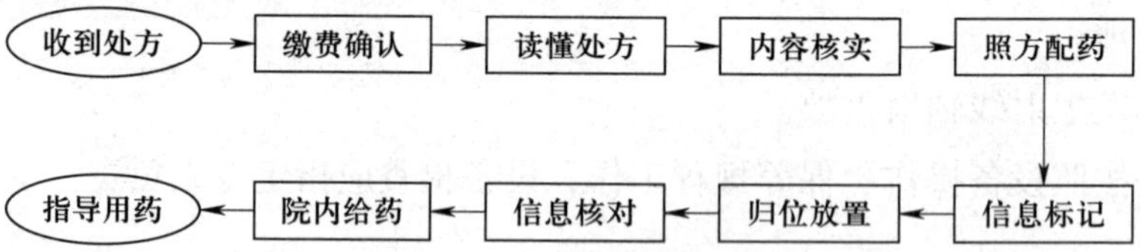

图 3-3-5　药房作业流程

（2）药房日常工作

1）药房人员必须严格按药房工作流程工作。

2）药房物品遵循“谁使用，谁整理”原则，每次配药后将药物归位，整理物品。

①各药品按存放说明进行分类存放，以免归类保存不当导致药品变质。

②药房存放遵循“先进先出”原则，避免药品积压。

③开封后反复拿取的药品，必须醒目标记、醒目放置，避免浪费。

3）常用注射液应做到现配现用，不允许隔时或隔日后用（特定可隔日用的药品必须标注开封时间）。

4）医疗耗材用品（酒精、碘酒、棉花、胶布等）应节约使用。

5）随时保持药房的卫生整洁，及时清理药房台面，保持台面干净整洁。

6）药房内必须设置生活垃圾存放点和医疗垃圾存放点，并严格进行分类存放，不得混放。

7）医疗主管必须指定专人定期（每周、每月、每年）对药房的药品进行盘点统计，如果需要进补药品必须及时向上级汇报，并由采购专员采购。

4. 药房人员管理

（1）除院内工作人员及巡查人员外，其他人员不得进入药房。

（2）药房人员必须通过药房相关工作培训后，才能进行药房相关工作。

五、手术工作管理

1. 作业要求

（1）了解外科接待流程与人员分工。

（2）掌握无菌术的应用，并能在手术过程中保持无菌。

（3）了解无菌手术室的重要性。

（4）能进行灭菌塑封操作。

（5）会使用高压灭菌器。

（6）正确穿戴手术衣、手套。

（7）能正确使用手术室内的仪器设备并进行维护。

（8）能监护麻醉宠物猫的正常体征，能正确安全地完成手术监护任务，并说明术后麻醉苏醒期的监护注意事项。

（9）能进行插管和拔管的操作。

（10）掌握手术备皮的操作原则，并能进行常规手术的备皮操作。

（11）能进行常见的缝合操作，并了解不同缝合操作的使用场景。

（12）能进行术前用药，并掌握相关的使用禁忌。

（13）能处理常见手术并发症。

（14）能进行手术相关表格的填写，并能建立手术档案。

（15）能正确配制和使用急救药物。

（16）能向宠物主人进行术后医嘱。

2. 手术室建设基础要求

（1）配置设备：手术床、无影灯、电子血压计、保温设备、多功能麻醉监护仪、输液泵、注射泵、吸入麻醉机、多普勒血压计、氧气瓶（氧气瓶必须有架子固定，并有易燃易爆标志）、无尘贴纸等。

（2）作业工具：手术室相关空白表单、灭菌手术器械、配置好的有效期内急救药物。

（3）办公设备：暂无统一要求。

（4）公示内容

1）急救药物速查表。

2）常用手术包器械组合。

3. 工作流程管理

（1）手术室作业流程（见图 3-3-6）

（2）手术室日常工作

1）每日第一例手术前，需要完成“每日手术室查对”工作。

2）每台手术前 30 min 和手术后 30 min 必须用紫外线灯照射手术室，进行空气和器械表面消毒。

3）每例手术病例均应按照外科接待流程的要求进行接待。

4）从协议签订开始，手术记录表等信息文件就需要跟随宠物猫一同交付，并及时记录，防止错漏。

5）进入手术室，在手术进行前，主刀宠物医师需要再次确认宠物猫信息以及术部、术种、术式等，防止错漏。

6）每台手术后对手术室进行清洁消毒，每天下班后对手术室进行清洁消毒。

7）下班前必须准备好两套常规消毒完成的手术器械。

8）下班前检查设备及电源是否关闭。

（3）手术室每周与每月工作

1）每周对手术室内设备与耗材进行检查与维护，手术室负责人定期通报相关数据并进行分析汇报。

2）手术室应每周彻底清扫消毒一次，每月进行细菌培养一次。

4. 手术室人员管理

手术室应专设负责小组（人），非手术期间及器械准备期内，负责小组以外人员进出手术室必须向小组提出申请，经过同意后方可进入手术室。

（1）手术室负责小组（人）基本技能要求

1）手术室内已有工具、器械、设备认知与使用。

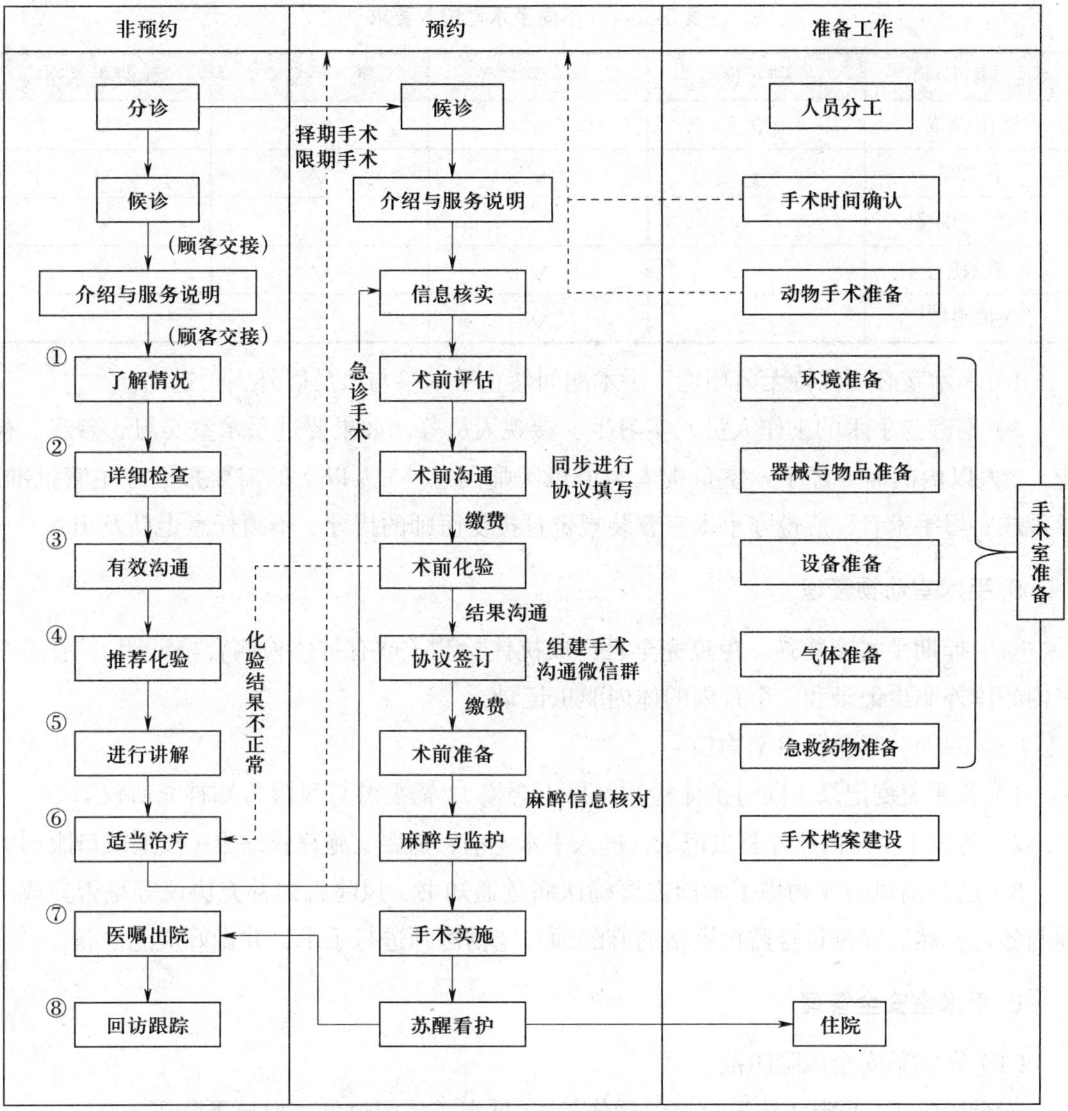

图 3-3-6 手术室作业流程

2）手术室内物品摆放原则与整理规范。

3）能进行手术前准备、麻醉前信息核对、麻醉监护、术后监护等流程。

4）掌握急救药物的种类、配制与使用。

5）掌握手术过程中常见意外情况的处理原则与方法。

6）能进行术后苏醒看护。

7）凡在手术室工作人员，必须严格遵守无菌原则（工作人员完成无菌环境、无菌操作相关培训方可进入手术室）。

（2）不同手术室进入要求（见表 3-3-1）

表 3-3-1　不同手术室进入要求

项目	外科处置室	牙科手术室	普通手术室	无菌手术室
医用口罩	√	√	√	√
手术帽	—	√	√	√
鞋套 / 专用鞋	—	—	√	√
手术服	—	√	√	√
保护眼罩	—	√	—	—

1）手术室必须保持无菌环境，手术期间禁止手术参与人员以外人员进出。

2）不参与手术的工作人员、实习生、参观人员等，如果要进手术室实习、参观、检查，2 人以内的需要经手术室负责人与值班医师同意，3 人以上的需要报医疗主管批准。参观或实习手术者，应遵守手术室着装规定且接受医师的指导，不得任意走动及出入。

5. 手术室动物管理

（1）择期手术宠物猫。免疫完全且完成抗体检测（或有抗体检测合格证明）。有 1 个月内的体外驱虫记录和 3 个月内的体内驱虫记录。

（2）限期、紧急手术宠物猫

1）若无免疫记录（同时抗体检测结果不合格），需要签订风险告知补充协议。

2）若无 1 个月内体外驱虫记录，进入手术室前，需要实施速效外驱（喷剂或口服剂）。

3）已知高风险宠物猫手术前需要确认病危通知书、风险告知补充协议等是否完成沟通与签订，然后安排符合监护资格的麻醉师与宠物医师进行手术，并做好应急准备。

6. 手术室安全管理

（1）宠物猫安全风险防范

安全风险 1：高温（体温过高、烫伤等）、低温（体温过低、血压下降等）。

解决措施：使用加温设备并控制温度。

安全风险 2：窒息、气道破裂（麻醉机气压分压过大、气囊不合适等）。

解决措施：日常由专人检查和维护麻醉设备并进行记录，术前再次确认，做好术中麻醉师流程设计与培训。

安全风险 3：术前、术中、术后感染。

解决措施：严格无菌操作，提高手术基本功熟练度。

安全风险 4：术中 / 术后感染传染病。

解决措施：术前病史收集、风险沟通与协议相关签订，避免免疫不完全宠物猫进行手术。

（2）避免因麻醉气体泄漏，手术器械使用方法不当导致伤害；避免宠物猫麻醉苏醒期造成意外伤害等。

（3）避免设备、耗材等气密性不良，供氧气道气压异常，气体储量不足，设备漏电，设备调控异常等造成的伤害。

六、住院部工作管理

1. 作业要求

（1）能办理宠物猫的入院和出院。

（2）能辅助医师完成护理计划的制订，并按医师要求实施护理计划。

（3）能独自完成住院宠物猫的记录工作。

（4）能独自完成日常住院宠物猫的护理工作。

（5）保定宠物猫时，能够正确地使用牵引绳、毛巾等工具，能正确执行相关操作。

（6）能按照不同情况正确给药。

（7）能对住院宠物猫进行正确的喂食和喂水。

（8）掌握不同系统疾病的护理要点与注意事项。

（9）能根据患病宠物猫的病情与自理等级分辨宠物猫护理等级。

（10）能根据不同护理等级实施护理作业。

（11）掌握回访的要求与规范。

（12）掌握隔离宠物猫的护理要点与注意事项。

（13）掌握住院部常见内部沟通场景与要求。

2. 住院部建设基础要求

（1）配置设备：带编号的住院笼位、净水设备、输液泵、供氧设备、保温设备、监护设备（ICU病房）、冷暖空调、温湿度计、分贝监测仪等。

（2）作业工具：住院护理相关表单、食水盆（与笼位对应编号）、猫砂盆、卫生工具、尿不湿、消毒毛毯、高温消毒设备（喷灯等）、紫外线消毒设备、垃圾桶（生活）等。

（3）办公设备：文件夹、挂钩、各类记录表、小白板等。

（4）公示内容

1）住院部管理规范。

2）住院查房要求与规范。

3. 工作流程管理

住院接待流程如图3-3-7所示，住院护理流程如图3-3-8所示。

流程	内容
住院前准备工作	微信、电话告知准备：病历本、免疫驱虫记录、宠物主人身份证、过渡期猫粮、有家里气味物品 到店后确认：目前疾病情况（病历本、化验记录、用药情况），免疫及驱虫情况 笼位准备：①清楚知悉诊所所划分的各级住院区（重症区、隔离区、公共区） ②工作人员在班时按要求及时清洁消毒笼位
门诊接待	参考门诊接待流程
住院建议手续办理	经过宠物医师诊断确认病情后，方可提出住院建议，沟通住院相关注意事项 宠物医师进行或安排宠物医疗助理进行住院协议的签署 设置住院护理等级
预付款	结清当天产生费用（当天的检查和治疗费，免疫驱虫等）和不少于2天的住院及治疗费 告知顾客出现欠费2天内需要到店或通过微信、支付宝等方式补交
安排入住	护理人员进行宠物猫信息确认（病情知悉、用药及护理方案、免疫驱虫情况） 护理人员根据宠物猫情况和医师的要求，将宠物猫安排至合适的住院区，并放置护理等级牌 将当天门诊检查情况登记于住院信息登记表，如果信息不完整，检查后补充完整 将当天的检查结果统一夹在宠物猫的住院登记表后 在系统中录入入住宠物猫，建群并向宠物猫主人发送住院护理须知，对自带的药物和物品进行标记 与宠物猫主人沟通宠物猫住院期间探望须知
制订护理计划	宠物医师与护理人员共同制订护理计划
每日反馈与护理工作交接	严格按照护理流程以及每个宠物猫的护理计划进行护理（注意不同疾病的护理要点） 每天向负责医师反馈宠物猫情况，向宠物猫主人发送视频以及详细的文字表述 离开医院前，交接宠物猫当天或接下来的护理工作 按规范管理宠物猫主人探视
出院准备	提前与宠物猫主人确定出院时间，填写出院登记表，如果需洗浴提前到前台进行预约 在宠物猫主人到院前完成物品及药品准备、账单核对、宠物猫检查、医嘱准备 将所有记录表统一装订在一起（包括手术记录表、住院期间检查表格） 将宠物猫交给主人前，需要对宠物猫进行一次基础体检
医嘱与结账	交付物品、告知医嘱，并与宠物猫主人确定复诊时间 引导至前台进行缴费
送客	核对出院登记表的出院检查事项，都完成并打勾后完成出院手续 协助宠物猫主人离开医院 及时完成住院环境卫生清洁以及消毒，完成后挂上已消毒标识
归档回访	将至少2次预计回访时间记录在护理单统计表上，并在预计时间前完成回访 完成2次回访并确定宠物猫回家没有问题后，将护理单归档（如果有手术记录表，分别归档）

图 3-3-7　住院接待流程

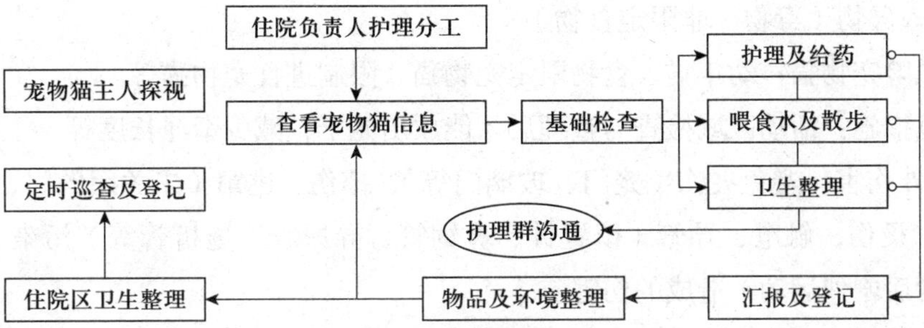

图 3-3-8 住院护理流程

4. 住院部人员管理

（1）住院部值班医护人员需要每天进行整体查房和患宠交接工作。

（2）严格执行住院部顾客探视规范，非探访时间、非工作人员不得进入住院部。

（3）非工作人员进入住院部，必须佩戴探访证、参观证，对无证人员应马上进行身份确认，并根据实际情况给予引导。

5. 住院部宠物猫管理

（1）所有进入并停留在住院部的宠物猫，所在笼位均需要有相应的信息登记。

1）住院宠物猫：住院信息登记表、住院护理单、护理等级标识等。

2）门诊治疗宠物猫：住院护理单等。

（2）住院部巡查频率不应低于 1 h 一次，及时对宠物猫治疗、护理、用药等情况进行检查。

（3）每只住院宠物猫当天任意班段必须有唯一的负责人（宠物医师与医疗助理至少各 1 名），下一班段负责人不一致时，负责人必须进行宠物猫的交接。

6. 住院部安全管理

（1）宠物猫安全风险防范

1）中暑

①高风险宠物猫：短头品种、厚毛品种、年老猫等。

②防范措施：控制过度吠叫、保证足量饮水、室温控制在适宜温度。

2）低体温

①高风险宠物猫：幼年猫、手术后苏醒看护期的宠物猫、重症监护的宠物猫等。

②防范措施：控制笼内温度（保温垫、暖风器等）。

3）低血糖

①高风险宠物猫：幼年猫、胰岛素治疗的宠物猫、限制进食宠物猫等。

②防范措施：早上护理时优先检查与护理，提高巡查频率等。

4）食入异物（毒物、非限定食物）

①高风险宠物猫：幼年猫、食物限定宠物猫、限制进食宠物猫等。

②防范措施：活动区域检查与整理后才能放出笼子，减少牵绳长度等。

5）意外伤害。避免夹伤（笼门、玻璃门等）、摔伤、逃窜（未关闭的门、窗户）、跳楼、打架、烫伤、触电、导管（留置针、鼻饲管、导尿管、透析管等）污染、脱出、胃扭转（进食后剧烈运动）造成的伤害。

（2）人员安全风险防范

1）意外伤害。避免被笼门夹伤、宠物猫咬伤、宠物猫抓伤。

2）院内感染。切断传染病传播媒介，避免人畜共患病。

（3）设备安全风险防范。避免使用加热设备、裸露电线（电源）等造成的风险。

任务实施

一、工作流程图（见图 3-3-9）

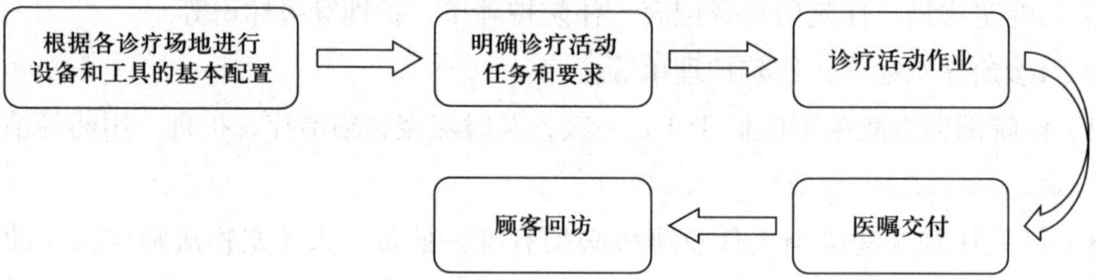

图 3-3-9　工作流程图

二、任务实施过程

步骤 1：根据各诊疗场地进行设备和工具的基本配置

一般猫诊所均配有门诊室和药房，该场所设备和工具应优先配置；住院部、检验室、手术室有条件亦可配置，影像室成本过高，且对场地有一定要求，极少有猫诊所配备。

步骤 2：明确诊疗活动任务和要求

根据顾客的不同需求明确相应的服务项目，并填写相应工作单。

步骤 3：诊疗活动作业

根据工作单，按照相应标准和规范开展该项诊疗活动，如疫苗接种、驱虫、寄养入住、门诊检测和治疗等。

步骤 4：医嘱交付

在猫诊所完成诊疗活动后，根据宠物猫的具体情况，嘱咐宠物主人回家后照顾宠物猫注意事项，包括饮食、护理和药物的使用等建议。

步骤 5：顾客回访

根据宠物猫具体情况打电话回访顾客，跟进宠物猫诊疗后情况，提供后续的专业意见。

任务拓展

若猫诊所准备提供公猫去势手术服务，请为猫诊所配置该诊疗项目所涉及的设备和工具，并列出手术工作流程。

项目四 猫诊所团队管理

04

项目描述

一个企业，团队管理是关键。能不能做好团队管理，是决定企业能不能真正发展的重中之重，同样，猫诊所的团队管理是诊所管理的重要内容。猫诊所做好团队管理，有助于诊所和员工更好地完成工作任务，提升猫诊所在市场中的竞争力。要做好团队管理，经营者需要从组织架构建设、人才招募、人才培育和人员管理四个方面着手进行规划管理。

建议学时

12 学时

学习任务 4.1　猫诊所组织架构建设（2 学时）

学习任务 4.2　猫诊所的人员招聘（2 学时）

学习任务 4.3　猫诊所的人才培育（4 学时）

学习任务 4.4　猫诊所的人员管理（4 学时）

学习任务 4.1 猫诊所组织架构建设

学习目标

1. 能根据猫诊所业务需求建设诊所的组织架构。
2. 能根据业务目标设置部门及岗位，并确定岗位职责。

建议学时

2 学时

任务描述

猫诊所创业之初，员工不多，组织架构相对简单。随着猫诊所业务范围不断扩大，现有的部门设置已经无法满足诊所的需求，急需进行组织变革，以适应猫诊所发展的需要。请根据猫诊所的现状，帮助建设猫诊所的组织架构，设计部门和岗位。

任务分析

本次任务要求建设适合猫诊所业务需求的组织架构，设计部门和岗位，描述岗位职责。建设合适的组织架构是猫诊所成熟运作的第一步，不仅能够明确猫诊所的发展方向，而且有利于员工了解自己的定位，提高业务运转效率。要完成本次任务，首先，应分析猫诊所的现状，选择合适的组织架构形式。其次，应根据业务目标，设计部门和岗位及岗位职责。

相关知识

一、企业管理组织架构的形式

1. 直线制

直线制是一种最简单的组织架构形式，又称单线制，其特征是从最高管理层到最低管理层，上下垂直领导，各级领导者执行统一指挥和管理职能，不设立专门的职能管理机构。产品单一、工艺过程简单和规模较小的企业适合采取直线制组织架构。直线制企业组织架构样例如图 4-1-1 所示。

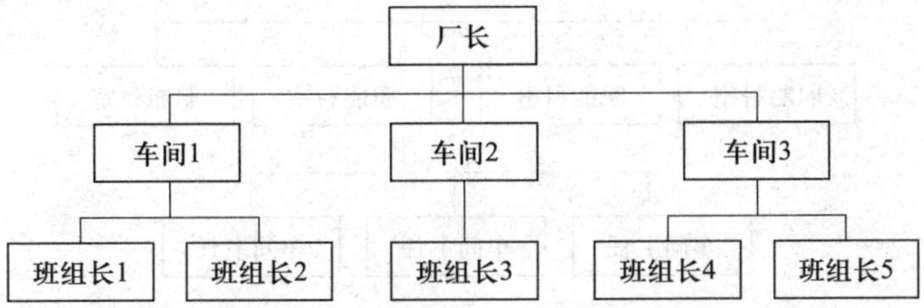

图 4-1-1　直线制企业组织架构样例

优点：结构简单，工作效率高，管理费用低。

缺点：管理方式简单，管理者责任大，成员之间联系欠佳。

2. 职能制

职能制架构的特征是在各级行政领导者之下，以专业分工为依据设置管理职能部门，各职能部门在其业务范围内有权力向下级发布命令和下达指示，执行者主要听从上级各职能部门的指挥。职能制架构适用于中小型、产品品种较单一、生产技术变化较慢、外部环境比较稳定的企业。职能制企业组织架构样例如图 4-1-2 所示。

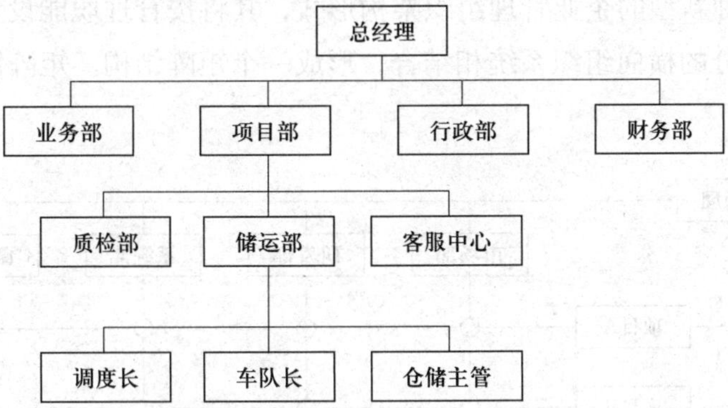

图 4-1-2　职能制企业组织架构样例

优点：职责明确，有利于进行专业化活动。

缺点：缺乏横向部门间的有效沟通。

3. 直线 - 职能制

直线 - 职能制是企业管理的基本组织架构形式，其以直线制为基础，在各级行政领导者之下设置对应的职能部门或参谋部门，为各级行政领导者从事专业管理。直线 - 职能制组织架构比较适用于企业规模不大、工艺稳定、产品品种不太复杂、市场情况比较容易掌握的企业。直线 - 职能制组织架构样例如图 4-1-3 所示。

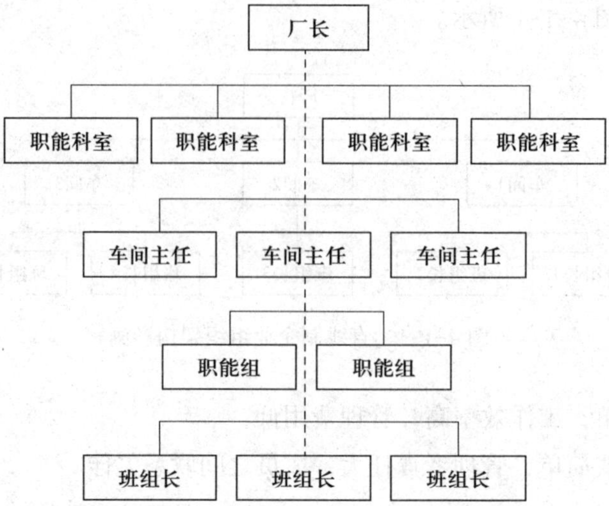

图 4-1-3　直线 – 职能制组织架构样例

优点：既能统一指挥又能注重专业化管理。

缺点：权力仅集中于最高管理层。

4. 矩阵制

矩阵制是一种新型的企业管理组织架构形式，其将按管理职能设置的纵向组织系统与按规划项目划分的横向组织系统相结合，形成一个矩阵结构。矩阵制组织架构样例如图 4-1-4 所示。

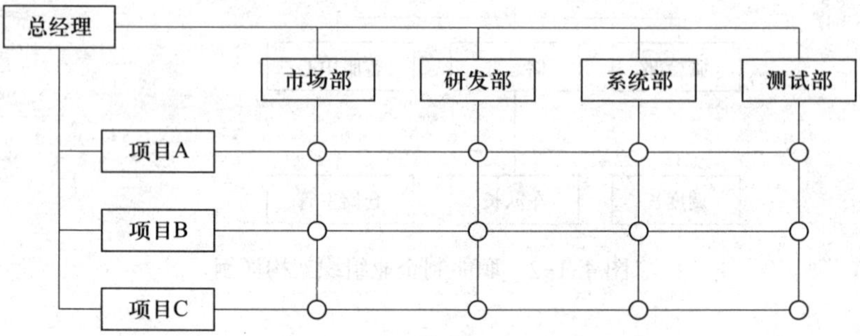

图 4-1-4　矩阵制组织架构样例

优点：有助于协作生产。

缺点：容易导致工作人员责任心不强。

猫诊所根据自身经营业务特点，一般采用职能制组织结构，形成由猫诊所负责人负责管理，各职能部门共同协作的组织架构模式，如图 4-1-5 所示。

图 4-1-5　猫诊所组织架构图

二、猫诊所的部门设置

为满足猫诊所基本工作的开展，猫诊所主要分为技术部、人事部、财务部、采购部、营销部等部门，各部门下设若干岗位。

技术部负责为猫诊所提供医疗和美容技术支持和指导，下设宠物美容师、宠物美容助理、宠物医师、宠物医疗助理等岗位，负责宠物美容、宠物医疗、宠物保健等日常经营业务开展。

营销部负责市场营销推广和猫诊所门店的运营管理，下设市场主管和销售人员等岗位。

财务部负责猫诊所现金流往来、人员薪资发放等工作，下设财务主管、出纳、会计等岗位。

采购部负责猫诊所供应链管理，下设采购主管、采购员等岗位。

人事部负责猫诊所人员招募、培训、管理以及其他后勤保障工作，下设人事主管、人事专员等岗位。

三、猫诊所核心岗位工作要求

1. 管理岗

（1）院长 / 猫诊所负责人

1）负责猫诊所日常管理工作。

2）负责日常团队建设。

3）组织市场营销工作。

4）制订猫诊所内工作计划。

5）依据猫诊所作业流程及标准，严格把控猫诊所内服务质量。

6）组织猫诊所内员工培训及定期安排团队激励活动。

（2）院长助理

1）协助院长安排及跟踪猫诊所的考勤、顾客管理、市场营销、商品管理等工作。

2）进行顾客回访的汇总、分析及回访质量把控。

3）负责猫诊所行政纪律监督，部门管理，以及办公用品、用车、工作服等的安排与管理。

4）担任猫诊所服务礼仪、销售、促销、顾客回访、顾客异议、接待流程与标准、系统应用等课程的讲师。

（3）部门主管

1）负责部门的日常管理工作。

2）负责工作计划制订与分解。

3）负责部门的团队建设、人才储备及培训。

4）负责维护猫诊所的各项规章制度，宣传猫诊所文化。

5）负责向上级反馈工作信息，以供管理决策需要。

2. 技术岗

（1）宠物美容师

1）负责美容部商品、工具、设备、设施的管理。

2）按猫诊所标准规范负责宠物美容、宠物美容技术研发、寄养管理等，带领美容助理完成猫诊所确定的各项任务指标。

3）不断提升自身美容技术并掌握行业动态，及时和美容助理进行学习，积极开发新技术、新业务。

4）领导美容助理认真执行猫诊所各项规章制度和技术操作规程，确保安全，严防并及时正确处理事故。

（2）宠物美容助理

1）负责美容接待、导购工作。

2）负责美容暂寄动物管理。

3）负责美容室环境管理。

4）负责美容洗浴、SPA 等保健项目作业。

（3）宠物医师

1）负责基础性医疗工作。

2）负责住院病例的管理与沟通工作，并协助上级完善住院管理流程。

3）负责驱虫、免疫、保健、体检套餐顾客的维护与管理。

4）负责工作区域的卫生清洁、安全防范、仪器设备维护、物料管理等。

5）负责猫诊所内员工住院流程、医疗护理等技术的培训。

6）提升自身的业务能力和医疗技术以胜任猫诊所对医师的要求。

7）负责夜诊值班的组织安排。

（4）宠物医疗助理

1）完成部门分解的工作目标。

2）进行陪同导医服务。

3）协助医师做好门诊工作，包括患宠的检查、治疗、手术、采集检验标本等过程的工作并向医师提供相应数据。

4）随时关注检查、治疗、术后、住院的患宠动态，并做好护理工作，密切观察记录病情变化，如发现异常情况及时处理并向医师汇报。

5）协助医师进行药剂的调配和管理。

6）做好患宠住院护理并协助医师进行住院宠物主人的沟通工作。

7）协助医师办理入院、出院、转科手续，做好有关文档的登记工作。

8）协助医师完善保定、化验、给药、配药、护理、术前准备等流程。

9）负责工作区域的卫生清洁、安全防范、仪器设备维护、物料管理等。

10）协助医师做好部门培训工作，积极主动帮扶新员工、实习生等。

任务实施

一、工作流程图（见图 4-1-6）

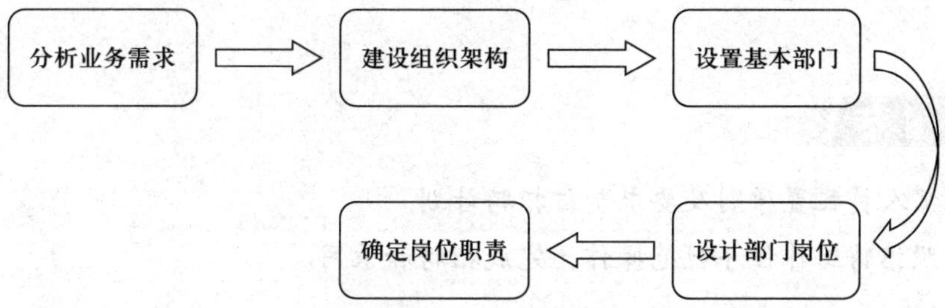

图 4-1-6　工作流程图

二、任务实施过程

步骤 1：分析业务需求

基于诊所创业之初的情况，结合业务侧重点，分析需求，组建团队。

步骤 2：建设组织架构

根据猫诊所的现状及需求，选择合适的管理组织结构和形式，便于猫诊所开展专业化活动。

步骤 3：设置基本部门

结合猫诊所基本业务需求，设置技术部、人事部、财务部、采购部、营销部。

步骤 4：设计部门岗位

根据业务需求设置部门岗位。例如，技术部设医疗和美容两个岗位，人事部、采购部、营销部各设主管和干事 2 个岗位，财务部设主管、出纳、会计 3 个岗位。

步骤 5：确定岗位职责

根据岗位种类确定职责范围和标准，明确各个部门、岗位之间的相互关系。

任务拓展

猫诊所新增药品与物资供应部，请通过市场调研调整猫诊所组织架构和部门岗位，并描述岗位职责。

学习任务 4.2 猫诊所的人员招聘

学习目标

1. 能根据人员配置原则及要求制订招聘计划。
2. 能按照招聘工作程序规范操作，完成招聘和录用。

建议学时

2 学时

任务描述

猫诊所由于人员变动及经营范围发生改变，需要进行人员招聘，完成招聘录用工作。

任务分析

本次任务要求完成人员招聘。人员招聘应侧重于求职者与猫诊所需求相匹配。提高人员招聘管理工作的有效性至关重要。要完成本次任务，一方面，应分析猫诊所的现状，结合人员配置的原则，制订招聘计划。另一方面，应选择招聘渠道，做好招聘人员的准备工作，按照程序规范完成招聘工作。

相关知识

一、人员配置原则

（1）经济效益原则：根据业绩标准的要求配置人员。

（2）因岗择人原则：先有岗位，再根据岗位物色人才。

（3）程序化和规范化原则：人员配备必须按规范流程进行，以保障招聘的公平、公正。

（4）符合企业人才观原则：招聘的员工必须对企业有三个认同，即认同企业经营项目、认同企业经营模式、认同企业企业文化。

二、人员配置参考依据

1. 以经营面积为依据

根据不同的经营面积设置与之匹配的人员数量。在考虑人员数量时，要考虑最高值和最低值，并明确经营面积的范围。

2. 以经营项目为依据

经营项目可以指独立的部门，如医疗部、美容部、前台等。每个项目不得少于 1 人，医疗部门不得少于 2 人。经营项目部门的人数与猫诊所开业时间相关，当经营的项目超过一定年限，则人数不得少于原来人数。对于纯医疗门店，必须设置医疗部和前台 2 个部门，且医疗部达 6 人时必须设置二级部门；对于综合型猫诊所，至少设置医疗部、美容部和前台等 3 个部门。人数低于 2 人的部门不单独设置部门主管。

3. 以经营业绩为依据

配置人员数量与经营业绩相关。当经营数据达到一定数值时，就需要增加相应岗位的人员数量。具体数值可以根据实际情况进行设定。

需要注意的是，以上人员配置参考依据仅为基础建议，具体配置方案还需要根据实际情况进行调整和完善。在制定人员配置方案时，需要综合考虑多个因素，包括但不限于经营面积、经营项目、经营业绩和销售业绩等，以便制定出更为科学、合理的人员配置方案。

三、人员招聘和录用

1. 符合招聘条件的人员

（1）不在猫诊所“不能录用人员”范围。

（2）性别、年龄等与招聘需求一致。

（3）学历、专业技能、工作经验等与招聘需求一致。

（4）综合技能、语言等与招聘需求一致。

（5）健康状况、居住地址、稳定程度等能满足猫诊所对该岗位的需求。

（6）行业从业口碑良好，业绩突出者。

2. 招聘考试

（1）初试

1）初试一般包括行为测试、笔试、面试等。

2）行为测试一般包括面试材料的准备、书写情况、着装、礼仪、守时度及态度等。

3）笔试一般包括综合笔试和专业笔试。

4）初试面试一般包括企业介绍、提问和答疑等环节。

（2）复试。复试一般以面试形式进行，主要考察面试者的综合素质和专业能力，并了解面试者的职业规划。

任务实施

一、工作流程图（见图 4-2-1）

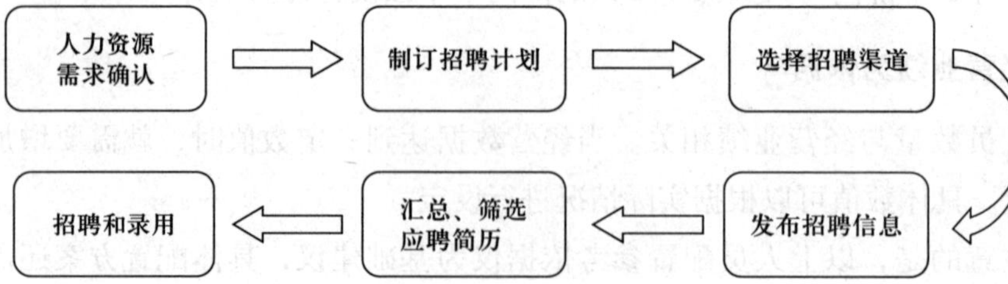

图 4-2-1　工作流程图

二、任务实施过程

步骤 1：人力资源需求确认

猫诊所根据年度人员配置指标、年度工作发展状况和下一年度的整体业务计划，拟定年度人力资源需求。人事部门根据猫诊所年度发展计划编制人力资源需求计划，制定年度招聘计划及费用预算，报上级领导审批。

步骤 2：制订招聘计划

年度招聘计划：用人部门于每年 12 月前向人事部门递交年度人事招聘需求，人事部门每年 12 月结束前向上级递交年度人事招聘计划。

月度招聘计划：用人部门于每月结束前向人事部门提交月度招聘需求；人事部门根据提交的招聘需求及招聘工作管理规范于每月最后一个工作日前向上级提交月度招聘计划。

步骤 3：选择招聘渠道

猫诊所根据拟招聘的职位性质、诊所自身特点以及外部市场情况选择合适的招聘渠道。当然也可以从猫诊所内部正在任职的员工中进行调配。

步骤 4：发布招聘信息

可以利用招聘网站、社交媒体、招聘会等多种途径发布招聘信息。

步骤 5：汇总、筛选应聘简历

根据招聘岗位要求，对收到的应聘者简历进行初筛，拟定进入下一步考试的人员名单。

步骤 6：招聘和录用

对通过初试的求职人员进行进一步选拔，确定录用人员。

任务拓展

模拟一次猫诊所现场招聘工作。

学习任务4.3 猫诊所的人才培育

学习目标

能够根据猫诊所发展、业务需要和员工个人提升等方面的需求，选择人才培育方式、制订人才培育计划、编制培育方案、评估人才培育效果。

建议学时

4学时

任务描述

猫诊所组织架构及人员发生变动，人事部门需组织一系列培训，完成人才培育计划。

任务分析

组织员工培训是人力资源管理的重要内容。从员工的角度来看，合理有效的培训可以最大限度实现员工自我价值。从猫诊所的角度来看，有效的培训可以减少事故发生，提高工作效率。要完成本次任务，就要分析猫诊所现状，根据需求选择人才培育方式，确定培育标准，编制培育方案，组织实施，并做好培育评估。

相关知识

一、人才培育方式

1. 轮岗

轮岗是在预定的时间内使参训者相互变换工作岗位，令其获得不同岗位工作经验的做法。如对管理人员进行培训时，让参训者有计划地到生产、销售、财务等部门工作一段时间，实际参与所在部门的工作，了解所在部门的业务，扩大参训者对整个企业各个环节工作的了解。

（1）轮岗的作用

1）培养工作乐趣。长时间从事一项工作，都可能会让员工产生厌倦情绪，产生惰性，失去工作激情和创造精神。进行工作岗位轮换后，新的岗位会带来全新的工作流程和内容，给人带来一定的刺激和乐趣，能有效提升员工的工作积极性，避免因为在同一岗位长时间工作而产生的厌倦感。

2）培养工作的系统化和整体性意识。轮岗需要进行经常性的工作交接，这迫使员工要将手头工作进行系统化和整体性处理，这样才能实现工作的迅速交接。

3）促进各岗位员工之间的互相理解配合，降低内耗。企业最大的消耗在于内耗，而内耗主要是人为因素造成的。除去制度设置的不合理外，各个岗位与人员之间的互相不理解从而导致的不配合是产生内耗的主要原因。而通过岗位互换，各岗位员工之间就会产生深切的体会与理解，互相理解别人的难处和工作特性能有效地提高员工之间的配合度，从总体上减少内耗。

4）增强员工的多向工作技能。通过参与轮岗工作，员工可以在短时间内学习更多的工作技能，提升自己的职业素质和职业竞争力。

①新员工轮岗的目的是通过轮岗使之对企业各个方面有所了解，并且从中判断其适合哪个领域的工作。

②中层员工轮岗是为了提升员工综合管理能力。可先把每个部门的副职都培养好，再进行正职轮换，以确保每个部门的正常运营。

③高层员工轮岗培训大多是为培养高层做准备，锻炼的已经不完全是专业知识，而更多的是领导能力和战略能力。

（2）轮岗时间

1）计划性轮岗：实习生首次实习期内，新员工试用期内，普通员工晋升管理岗前期。

2）非计划性轮岗：主要是为了应对突发事件，优化资源配置，提升服务质量以及促进员工个人成长。一般用于紧急任务，如接到突发的猫疾病救援任务，需要进行人员紧急调配和轮岗；或用于工作高峰期，如节假日或季节性猫疾病高发期，为了应对增加的工作量和满足顾客需求而轮岗。

（3）轮岗对象与轮岗任务

猫诊所轮岗岗位及任务可依照表 4-3-1 参考。

表 4-3-1　猫诊所轮岗岗位及任务

岗位	任务一	任务二	任务三
美容助理	前台接待	寄养护理	医疗助理
医疗见习助理 / 助理	前台接待	美容护理	寄养护理
美容师 / 保健师 / 洗护师	前台接待	医疗助理	寄养护理
住院医师 / 护理师 / 化验师 / 影像师 / 门诊医师	前台接待	美容护理	住院护理

续表

岗位	任务一	任务二	任务三
综合前台 / 行政前台	美容护理	医疗助理	寄养护理
美容主管	寄养护理	住院护理	前台接待
医疗主管	美容护理	寄养护理	前台接待

2. 培训

（1）新成立门店统一培训

1）范围：新成立门店的全体员工。

2）目的：促进新门店的团队建设，使团队成员快速熟悉猫诊所经营，推进开业前期宣传活动。

3）内容

①核心培训：指在新店成立期间，为了辅导员工建立职业生涯规划思想、建设新团队的沟通规则、提升团队的目标感和执行力而必须进行的培训。

②稳定培训：指在新店成立期间，为了提升员工凝聚力和顾客满意度，用以稳定员工心态、稳定顾客服务质量的基础培训。

③其他培训：指除了核心培训和稳定培训外的其他培训，这类培训用于补充专业知识、基础技能。

（2）岗前培训

1）范围：入职 3 个月内的新员工、教学实习的实习生、第一次到猫诊所实习的实习生。

2）目的：使新员工了解和掌握猫诊所的基本情况，对他们进行职业道德、基础技术理论、生产工艺和实际操作技术、劳动纪律等方面的教育，使他们初步了解猫诊所的生产、工作特点，自觉遵守猫诊所各项规章制度，接受猫诊所企业文化。

3）内容：猫诊所的企业文化、工作流程与操作规范、规章制度与政策、客户沟通技术、猫专科专业技能学习等。

（3）轮岗培训

1）范围：轮岗期间的员工。

2）目的：培养轮岗期间员工的系统性、整体性思维。

3）内容

①由美容部门组织的培训项目：美容工具的认知与养护、美容接待与美容前健康体检、洗浴流程和标准、SPA 流程和标准、宠物美容护理。

②由医疗部门组织的培训项目：宠物保定、消毒及传染病意识、实验室操作基础、药房操作基础、免疫驱虫程序、寄养住院护理基础。

③由营销部门组织的培训项目：顾客接待流程和标准、猫诊所日常清洁卫生、电话

接话规范、系统软件操作、产品销售基础、商品盘点管理。

④由综合部门组织的培训项目：猫诊所管理基础、猫诊所财务管理、猫诊所销售管理、猫诊所会议管理、猫诊所市场营销管理、猫诊所人员管理。

（4）在职培训

1）范围：猫诊所所有正式员工。

2）目的：培养和加强员工职业素养和团队精神；强化员工专业技能；开拓员工综合能力；提高员工对猫诊所经营项目、经营模式、经营文化的认同感；推进管理工作。

3）内容

①医疗技能类培训。为了提升猫诊所内医疗技术水平所组织的培训，可以细分为医疗助理入门培训、医疗助理进阶培训、医师入门培训、医师进阶培训、专科医师塑造培训、专科医师进阶培训、病例报告等。

②美容技能类培训。为了提升猫诊所内美容技术水平所组织的培训，可以细分为美容助理入门培训、美容助理进阶培训、美容师入门培训、美容师进阶培训、美容导师塑造培训、单项美容服务项目技能培训能等。

③管理类培训。为了提升猫诊所内管理水平所组织的培训，可以细分为储备干部培训、储备院长培训、行政前台管理培训等。

（5）晋级培训

1）范围：猫诊所内全体有晋级需求的员工。

2）内容：针对晋级考核的应试能力及考核范围组织的培训。

二、人才培育计划

人才培育计划可分为年度、月度、专项、周度计划，其具体安排可参见表 4–3–2。

表 4–3–2　人才培育计划安排

项目	年度计划	月度计划	专项计划	周度计划
制订时间	每年 12 月份	每月月底	项目成立起 5 个工作日完成	需要提前一周通知下周的周会培训主题和讲师
制订原则	根据在岗人员素质，结合企业发展需要制订	根据上个月培训计划与实施情况，结合下月的重点工作制订	为了推行某项工作或开展某个项目而制订	根据临时需要培训的主题制订
制订人员	各部门主管及猫诊所负责人	各部门主管及猫诊所负责人	项目发起人	培训负责人
制订内容	包括技术类培训、销售类培训和管理类培训	不限	结合具体项目制订	不限

三、人才培育评估

1. 评估目的

促进人才培育制度的实施；提升人才培育的效果转化；发现高素质潜在人才，并提前进行职业辅导；保障企业人才可持续发展。

2. 评估原则

（1）猫诊所内自评与专家评估相结合。

（2）静态评估与动态评估相结合。

（3）全面了解与重点考察相结合。

（4）评价与引导相结合。

3. 评估方式

人才培育实施后，应由人才培育组织部门进行培育效果的考核和评估，评估人才培育效果的方式因培训项目而异，可采用以下方式进行评估。

（1）以发放培育效果评价表的方式进行评估。

（2）以笔试、课后书面总结或实操的方式进行评估。

（3）制定课后任务表，在约定期限内由培育专员审查课后任务是否完成，从而对员工培育效果进行全方位评估。

（4）设定量化关键绩效指标进行评估。

任务实施

一、工作流程图（见图 4-3-1）

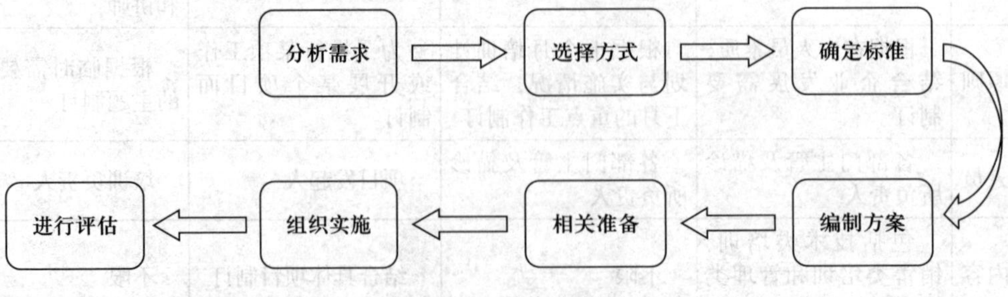

图 4-3-1　工作流程图

二、任务实施过程

步骤 1：分析需求

根据员工简历，了解员工文化教育水平、所学专业、从事工作的吻合程度和年龄结构特征等，分析员工现有能力与工作所需要的能力之间的差距。

步骤 2：选择方式

确定培育方式，选择导向性专项培训或轮岗等。

步骤 3：确定标准

综合考虑需求分析结果以及经费预算，确定培训标准，确保人才培育的有效性、经济性。

步骤 4：编制方案

人才培育方案一般包括培育方式、时间、地点、内容、考核方式、预算、规程等内容。

步骤 5：相关准备

准备工作主要包括确定讲师，发放通知，进行物料、设施、场地准备，联系后勤部门做好后期保障工作等。

步骤 6：组织实施

严格执行培育计划，不可随意偏离计划，检查各个环节，及时处理执行计划过程中出现的问题。

步骤 7：进行评估

人才培育实施后进行考核和效果评估。

任务拓展

猫诊所为了拓展员工综合能力，提升猫诊所宠物医疗技术水平，组织一场宠物医疗助理进阶培训。请为本次培训编制一份培训方案。

学习任务4.4 猫诊所的人员管理

学习目标

1. 能完成实习生组织、管理工作。

2. 能对正式员工进行人事、考勤管理。

建议学时

4学时

任务描述

猫诊所完成人员招聘和培育后，要对实习生和正式员工进行管理，制定人员管理制度。

任务分析

为做好员工管理工作，需要了解不同身份员工的人事管理规定，并在管理过程中按照员工管理制度，规范员工日常工作行为。

相关知识

一、实习生管理

1. 实习生的范围

（1）由合作院校直接保送至猫诊所进行实习的应届毕业生。

（2）已与猫诊所签订就业协议，提前到企业工作的应届毕业生。

（3）猫诊所与学校定向联合培养的学生。

（4）学校申请到猫诊所进行毕业设计的在校生。

（5）校园招聘会、宣讲会筛选合格的应届毕业生。

（6）为满足猫诊所临时需求或与学校联络的需要，由猫诊所统一组织安排短期（3个月以内）工作的在校学生。

（7）有教学实习需求或实践需求的专业教师。

2. 实习类型

教学实习：配合合作院校进行教学实习计划。

短期实习：指 1～3 个月的实习且不属于毕业实习。

长期实习：指 3 个月以上的实习且不属于毕业实习。

顶岗实习：指超 3 个月的毕业实习。

3. 实习生工作相关责任人

猫诊所负责人、实习生负责人、实习生带训人、猫诊所内指导老师。

4. 实习生培训

实习生培训主要包括企业介绍、接待礼仪、安全管理知识、实习岗位认知、职业素养与职业生涯规划、考核等内容。

5. 实习生福利与待遇

（1）实习生福利

1）实习生享有与正式员工同样的上班与休息时间。

2）实习生可参与猫诊所内组织的统一培训。

3）实习时间可以累计，累计满 3 个月以上可以申请晋级。

4）实习生与正式员工助理级享有同样的生日福利。

5）优秀实习生可获得年假、企业旅游等福利。

6）可参与实习生访谈、座谈会或文娱活动。

（2）实习生待遇。可根据实习生类型、实习时长、实习生能力进行分级设计。

二、正式员工管理

1. 人事管理

（1）入职管理

1）入职流程。新员工入职手续由猫诊所人事部门或行政前台统筹办理，具体流程如图 4-4-1 所示。

2）试用与转正

①员工岗前考核合格后可进入试用期。

②根据与员工签订的劳动合同时长，确定试用期时间和试用期考核要求。

③试用期员工必须完成猫诊所要求的任务，并通过考核。

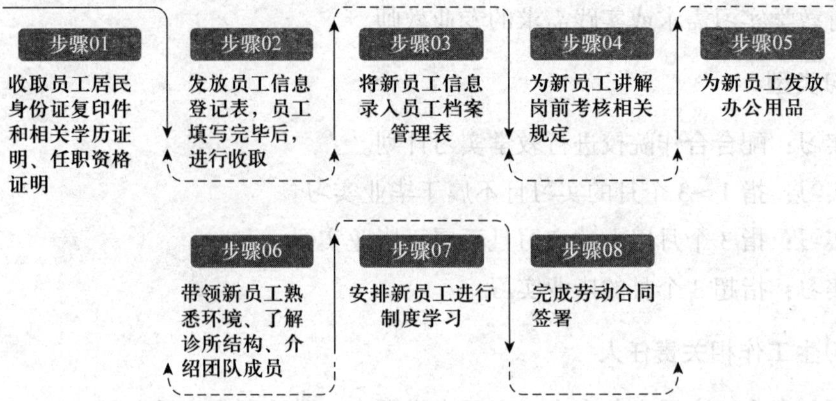

图 4-4-1　入职流程

④试用期满并考核合格者，可直接转正。

⑤员工试用期亦可提前申请转正考核。

⑥ 若试用期考核不合格，则视为试用期不合格，终止劳动合同。

3）劳动关系变更。劳动关系变更应符合《中华人民共和国劳动法》和《中华人民共和国劳动合同法》中有关劳动关系变更的相关规定。

（2）福利管理。猫诊所福利由法定福利、普惠福利、特殊福利组成（见表 4-4-1）。

表 4-4-1　福利管理

项目	概念	举例
法定福利	指法律规定的所有企业都需为其员工提供的福利	养老保险、失业保险、医疗保险、生育保险、工伤保险、住房公积金、法定休假
普惠福利	为猫诊所内所有员工均可以享受的福利	健康体检、员工团建、年度晚会
特殊福利	为特定群体的福利，是普惠福利不能惠及的部分	为提升猫诊所内管理能力，组织管理岗位人员开展行业内管理经营交流会

（3）职业生涯管理。职业生涯管理，是指个人发展和猫诊所发展相结合，对影响员工职业生涯的主客观因素进行分析、总结和测定，并通过设计、规划、执行、评估与反馈，使每位员工的职业生涯目标与猫诊所发展的战略目标相一致。

猫诊所应建立职业发展的多种通道，并通过纵向的晋升、横向的通道转换和向核心岗位的水平流动，为员工提供多重职业发展方向。根据岗位性质的不同，设置管理、技术两条职业发展通道，使各个层次的员工都有职业发展空间。

2. 考勤管理

（1）工作时间。猫诊所一般采取两班工作制，个人休息为调休模式，调休由猫诊所考勤负责人安排；每天工作时间为 8 h，猫诊所周会当天为全班；猫诊所根据顾客预约或上门时间集中时间段调整早班和晚班重叠的时间，24 h 猫诊所夜班时间段为 21:00 至次日 9:00。

（2）加班管理

1）加班员工应进行加班登记和考勤打卡，且由主管领导签名同意后计入加班。

2）加班工资补偿方式应遵守相关法律、法规规定。

（3）节假日管理。病假、事假、年假应提前申请和审批。春节、清明、端午、中秋、国庆、元旦等法定节假日，安排加班应按国家法律规定支付员工报酬。

任务实施

一、工作流程图（见图 4-4-2）

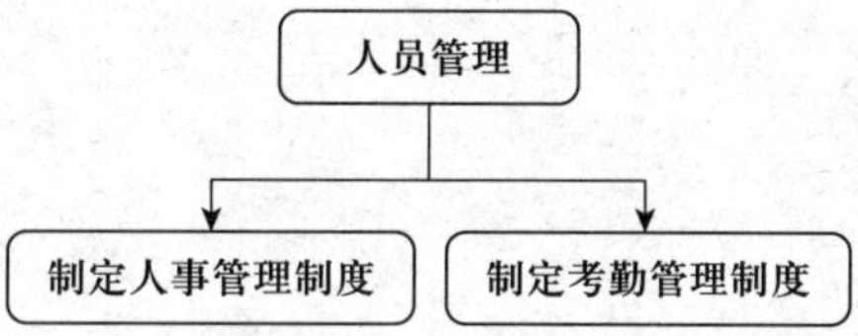

图 4-4-2　工作流程图

二、任务实施过程

步骤 1：制定人事管理制度

从入职管理、福利管理和职业生涯管理三个方面，制定人事管理制度。

步骤 2：制定考勤管理制度

针对工作时间、加班管理、节假日管理等方面制定考勤管理制度，进行人员管理。

任务拓展

猫诊所人员扩充，新增药品与物资供应部人员，需要调整人员管理制度，请根据相关知识提出合理化建议。

项目五 05

猫诊所采购与财务管理

▶ 项目描述

供应链管理、健全财务报表制度和加强资金管理等工作对猫诊所的发展具有重要意义。通过有效的供应链管理，猫诊所可以确保所需的医疗设备和耗材能够及时、准确地供应，从而保证业务的正常运行；合理的供应链管理有助于猫诊所降低采购成本，提高资源利用效率，从而增加盈利能力；有效的供应链管理可以优化库存、减少浪费并提高物流效率，进而提升猫诊所的整体运营效率。财务报表是反映猫诊所财务状况的重要工具，通过准确的报表数据，管理者可以了解猫诊所的资产、负债和盈利状况；准确的财务报表可以为猫诊所的管理者、投资者和其他利益相关者提供决策依据，帮助他们做出合理的经济决策；健全的财务报表制度有助于猫诊所遵守相关法律法规，降低违规风险，保护猫诊所的合法权益。通过合理的资金管理，猫诊所可以更好地规划和使用资金，确保资金的有效利用，避免资金浪费或短缺；有效的资金管理可以帮助猫诊所降低财务风险，提高财务稳健性。

▶ 建议学时 12 学时

学习任务 5.1 猫诊所的供应链管理（4 学时）

学习任务 5.2 猫诊所的财务制度建设（4 学时）

学习任务 5.3 猫诊所的重点财务工作项目（4 学时）

学习任务5.1 猫诊所的供应链管理

学习目标

能采用供应链管理的方法，以最少的成本，让顾客能够在合适的地点取得合适的产品和优质服务，让存货率降至最低。

建议学时

4 学时

任务描述

猫诊所在经营过程中遇到了供货效率低、成本过高的问题，现需要对猫诊所进行有效的供应链管理，以增加利润。

任务分析

根据猫诊所自身需要明确采购规划，制定仓储管理和供应商管理的基本规范。

相关知识

一、采购规划

1. 用品、药品采购规划

（1）开业前 35 天：制作调查问卷到猫诊所周边进行市场调查或义诊跟踪。

（2）开业前 30 天：按照猫诊所专科项目、市场调查、义诊跟踪的结果与猫诊所相关负责人对接，进行初版采购目录的拟定。

（3）开业前 25 天：将拟定好的初版采购目录根据猫诊所货柜终版规划图完善后，并与相关负责人在 3 天内进行第二版采购目录确认。

（4）开业前 18 天：与供应商沟通确认产品活动及可提供至猫诊所的相关培训、开业导购支持等，进行目录调整，并在 3 天内与相关负责人确认第三版采购目录。

（5）开业前 14 天：将最终拟定好的目录交由猫诊所负责人审核。

（6）开业前 10 天：按照目录采购货品，协调缺货产品补货，确认货品到店时间。

（7）开业前 7 天：所有货品到店后，相关负责人核对货品品名、数量、金额、有效期等。如无问题，需要在 3 天内根据货柜规划原则进行货品陈列。

（8）开业前 3 天：所有货品陈列完毕后查看陈列效果。

（9）开业当天：货品供应商协助进行门店导购。

2. 设备采购规划

猫诊所按照部门科室规划方向按需购置相应设备。

（1）化验室

1）必备设备：生化分析仪、离心机、血常规血液分析仪、血糖仪、双目显微镜等。

2）可选设备：聚合酶链式反应（PCR）分析仪、高速离心机、尿液分析仪、血气分析仪等。

（2）美容室

1）必备设备：宠物烘干箱、宠物 SPA 机、紫外线灯等。

2）可选设备：牛奶机、起泡机等。

（3）手术室

1）必备设备：监护仪、麻醉机、高压灭菌锅、灭菌塑封器、常规手术器械、无影灯、不锈钢手术床、超声刀、血压计等。

2）可选设备：腹腔镜、呼吸机、恒温加热设备、呼吸报警器等。

（4）影像室

1）必备设备：动物专用 X 光机、彩超仪等。

2）可选设备：牙科 DR 检测仪、CT 探测仪、核磁共振（MRI）仪等。

（5）诊室

1）必备设备：宠物台秤、电子体温计、听诊器、检耳镜、伍德氏灯等。

2）可选设备：耳温枪、耳道内视镜、裂隙灯、检眼镜、眼压计等。

（6）中央处置厅

1）必备设备：保温设备、超声 / 压缩雾化器、输液泵、注射泵。

2）可选设备：激光理疗仪、吸氧舱（笼）、氧气袋 / 氧气瓶、制氧机、特定电磁波理疗仪。

二、仓储管理

1. 仓储区域划分

不同于大型企业的仓库必须严格设置固定分区。猫诊所可用面积较小，应视实际情况划分仓库区域，并进行内部公布。分区设置应至少有以下功能。

（1）待检区：放置未经检查的来货。

（2）待入库区：放置已经检查，但未处理至商品区或其他区域的来货。

（3）预警区：放置达到预警标准的商品。

（4）待处理区：放置有待与供货方进行沟通处理的不合格商品。

（5）退货区：放置由顾客退回，未经处理的退货品。

（6）合格区：放置合格商品的区域，合格区还应根据商品的特性及仓储要求进行再次分区。

（7）销售区：陈列销售商品的区域，销售区还应根据商品的陈列需求进行分区。

（8）药房：放置药品的区域，还应根据药品的储存需求进行分区。

2. 仓库日常管理

（1）巡检

1）检查库房安全

①检查库房各种安全设备、设施（如消防设备、器材等）是否符合安全要求。

②检查库房建筑物是否存在损坏现象。

③检查库房是否漏水、漏电、断电，场地是否有积水。

④检查库房门窗通风是否良好。

⑤检查库房货品堆码是否合理稳固。

2）检查货品储存及保管条件

①检查库房内温度、湿度是否符合要求。

②检查库房内外是否清洁卫生。

③检查储存、保管条件是否与各种货品的储存、保管要求相符合。

④当储存条件达不到要求时，应及时上报。

3）检查库存货品的状态

①检查货品登记表是否齐全、准确。

②检查是否存在接近保质期的货品或已达到保质期的货品，按规定上报。

③检查滞留货品的储存状态。

④检查待检品、不合格品的储存。

4）巡检时间

①每日进行自查，规定固定时间进行库房巡检。

②每月不少于一次对仓库进行大盘查。

（2）出入库管理注意事项

1）入库管理。到货后，猫诊所采购负责人必须核对订单品名、类型、规格、生产厂商、供货单位、生产批文、数量、价格、生产日期等内容，无误后签收（签收人须签字并填写签收日期），确保做到票、账、货相符。

签收时，注意货品包装是否完整，标识是否清楚。标识的物品规格等与单据、实物是否相符，所有来货均需清点数量，如果以重量为单位，还应抽查来货重量是否与标识一致。

抽样检查，对货品的外观、包装、标签、说明书以及相关的证明文件等逐一进行检查、核对。验收结束后，应当将抽取的完好样品放回原包装箱，加封并标示已检查。

冷藏、冷冻货品到货时，应当对其运输方式及运输过程的温度记录、运输时间等质量控制状况进行重点检查并记录，不符合温度要求的应拒绝收货。

来货必须固定置放于待检验区，不得堵塞过道及前台门口。

经过清点、检验数量、品质均无误后的货品放置于相应规划区域，并及时对货品进行相应入库日期标识，这样有利于先入先出。如果来货经检验不合格，则暂放置于待处理区，在规定时间内进行沟通或办理退货。

货品入库后采购负责人必须做纸质记录，并录入电子入库统计表，记录的内容应包括货品的通用名称、剂型、规格、批准文号、批号、生产日期、有效期、生产厂商、供货单位、到货数量、到货日期、验收合格数量、验收结果、放置位置等内容。

未录入采购部统一的商品、药品、耗材档案的货物不得使用及售出。

未检验的货物不得入库，不得使用及售出。

2）出库管理。国家禁售类药品、商品不得向顾客销售。商品销售必须通过系统记录且进行打单。若因停电或机器故障，商品销售必须填写纸质销售单据，并于机器恢复正常时进行补单。

三、供应商管理

1. 供应商基本要求

（1）能提供质量过硬的商品。

（2）具有合法经营主体。

（3）无企业及行业不良记录。

（4）具有合法供货资质。

2. 供应商评分标准

一般来说，通常从质量、交货时效性、价格、服务等方面来考核供应商，并按百分制的形式来计算得分。

（1）供应商考核项目及分数（满分 100 分）

1）质量：40 分。

2）交货时效性：25 分。

3）价格：15 分。

4）服务：15 分。

5）其他：5 分。

（2）按照考核项目的分数设定等级

1）A 级，90～100 分，为优秀供应商。

2）B 级，80～89 分，为良好供应商。

3）C 级，70～79 分，为普通供应商。

4）D 级，60～69 分，为需替代供应商。

5）E 级，60 分以下，为不合格供应商。

（3）对供应商的激励与惩罚

1）对于 A 级优秀供应商应扩大采购量和采购范围。

2）对于 B 级良好供应商应适当扩大采购量和采购范围。

3）对于 C 级普通供应商应采购量保持基本不变，不应扩大采购范围。

4）对于 D 级需替代供应商应与其进行沟通，减少采购量，连续 3 个月考核为 D 级，应考虑将其淘汰。

任务实施

一、工作流程图（见图 5-1-1）

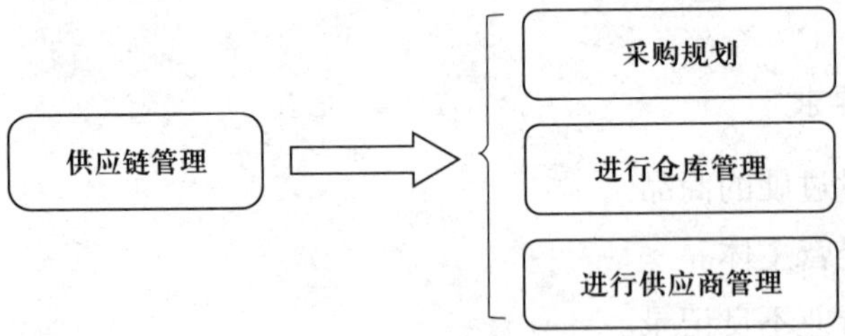

图 5-1-1　工作流程图

二、任务实施过程

步骤 1：采购规划

采用倒计时法制定用品、药品采购规划，按照科室规划管理制定设备采购规划。

步骤 2：进行仓库管理

视实际情况，按功能进行仓库区域划分；按规定时间，进行库房安全、货品储存及保管条件、库存货品状态等仓库巡检管理；做好出入库管理工作。

步骤 3：进行供应商管理

按标准做好供应商资质审查，确定符合条件的供应商；对供应商进行评分定级，并给予相应的激励和惩罚。

任务拓展

随着猫诊所业务再次扩大，需要引进智慧化管理系统，请根据供应链管理相关要求，对该诊所的供应链管理系统提出建议。

学习任务 5.2 猫诊所的财务制度建设

学习目标

能对猫诊所进行财务制度建设，尤其是财务报表制度。财务报表能反映猫诊所经营状况和管理水平，为潜在投资者、潜在供应商、各级监管部门和第三方机构了解猫诊所并做出相应的决策提供依据。

能合理利用资金，管控成本，实现利润最大化。

建议学时

4 学时

任务描述

猫诊所在经营过程中存在财务管理不规范等问题，现需要为管理层找出财务管理上存在的问题，加强财务报表的合法合规建设，制订相应的财务管理工作计划，为解决财务管理上的薄弱问题提供参考依据。

任务分析

根据猫诊所财务报表数据进行财务比较分析；从高效成本管理角度出发进行成本控

制管理，在管理过程中实现利润最大化；通过对猫诊所营业数据的细致、系统分析，帮助猫诊所更准确地了解经营状况，深入归纳出市场运作规律或发展趋势。

相关知识

一、财务报表解读

1. 财务报表的作用

（1）全面系统地揭示企业一定时期的财务状况、经营成果和现金流量，有利于经营管理人员掌握各项任务指标的完成情况，发现企业经营过程中存在的问题，便于及时调整经营方向。

（2）有利于经济管理部门了解国民经济的运行状况。经济管理部门通过分析相关财务报表资料，能够了解和掌握各行业各地区的经济发展情况，以便进行科学的宏观调控。

（3）有利于投资者、债权人和其他有关各方掌握企业的财务状况、经营成果和现金流量情况，为投资、贷款和贸易提供决策依据。

（4）有利于满足财政、税务、工商、审计等部门监督企业经营管理，检查、监督各企业是否遵守国家相关的法律法规。

2. 四表一注

财务报表一般分为“四表一注”，“四表”是指资产负债表、利润表、现金流量表、所有者权益变动表，“一注”是指财务报表附注。

（1）资产负债表

编表会计等式：资产 = 负债 + 所有者权益

资产负债表属于时点报表、静态报表。资产负债表内的项目按流动性大小排列，其项目见表 5–2–1；资产负债表反映的财务管理内容见表 5–2–2。

表 5–2–1　资产负债表项目

资产	负债及所有者权益
流动资产	流动负债
长期投资	长期负债
固定资产	负债合计
在建工程	实收资产 / 股本
无形资产和其他资产	未分配利润

表 5-2-2　资产负债表反映的财务管理内容

负债及所有者权益	财务管理（融资）	核心
流动负债	银行信用	融资结构与所投资的各类资产之间的现金流规划
长期负债	商业信用	
负债合计	负债融资（资本结构）	
实收资产 / 股本	权益融资（资本结构）	
未分配利润	股利分配（留存收益）	

（2）利润表

编表会计等式：利润＝收入－费用

企业利润来自营业利润、投资收益、营业外收支净额 3 个方面。利润表反映的财务管理内容见表 5-2-3。

表 5-2-3　利润表反映的财务管理内容

项目	财务管理
销售收入	销售规模及市场风险
减：变动成本	
固定成本（付现部分）	经营杠杆
固定成本（非付现部分）	
息税前利润	经营风险
减：费用化利息	财务杠杆
税前利润	
投资收益	资本运营
减：所得税	税务规划
税后利润	股东收益和风险

利润表全面揭示了企业在某一特定时期实现的各种收入，发生的各种费用、成本或支出以及企业实现的利润或发生的亏损情况。企业利润通常分为五个层次，即毛利、核心利润、营业利润、利润总额、净利润，其简化公式如下。

毛利＝营业收入－营业成本

核心利润＝毛利－三项费用（销售费用、管理费用、财务费用）－营业税金及附加

营业利润＝核心利润＋投资收益净额（非传统经营活动的利润）

利润总额＝营业利润＋营业外收支净额

净利润＝利润总额－所得税费用

（3）现金流量表。现金流量表提供企业在某一特定时期内有关现金及现金等价物的流入和流出的信息。现金流量表结构见表 5-2-4，现金流量表反映的财务管理内容见表 5-2-5。

表 5-2-4　现金流量表结构

项目
一、经营活动产生的现金流量
经营活动现金流入
经营活动现金流出
经营活动产生的现金流量净额
二、投资活动产生的现金流量
投资活动现金流入
投资活动现金流出
投资活动产生的现金流量净额
三、筹资活动产生的现金流量
筹资活动现金流入
筹资活动现金流出
筹资活动产生的现金流量净额
四、汇率变动对现金的影响
五、现金及现金等价物净增加额

表 5-2-5　现金流量表反映的财务管理内容

项目	财务管理
一、经营活动产生的现金流量	经营现金及其盈余产生能力：可用于支持经营性流动资产的规模、偿还债务本息和支持长期投资的内源融资
二、投资活动产生的现金流量	投资于实务资产、权益性及债权性证券和这类投资的本金与收益的回收。如为负值意味着需要内外源融资
三、筹资活动产生的现金流量	外源融资能力：吸收投资、发行股票、分配利润、支付股利、偿付债务本息、返还股本或投资
四、汇率变动对现金的影响	—
五、现金以现金等价物净增加额	—

（4）所有者权益变动表。所有者权益变动表为反映构成所有者权益的各组成部分当期的增减变动情况的报表。其既可以为报表使用者提供所有者权益总量增减变动的信息，也能为报表使用者提供所有者权益增减变动的结构性信息，特别是能够让报表使用者理解所有者权益增减变动的根源。

（5）财务报表附注。财务报表附注可以让报表使用者全面了解企业的财务状况、经营成果和现金流量。它是对财务报表的补充说明，是财务会计报告体系的重要组成部分。

二、财务报表制作

企业在编制财务报表时应遵循财务报表编制原则。在制作简单的报表时，通常使用Excel，大致流程如下。

（1）在Excel中创建一个新文件，并命名。

（2）填写表头等信息。

（3）创建报表的主体内容，并将所需要的内容添加到报表中，包括数据内容、参数组件、图表组件等。

（4）绑定数据、设置公式、命名控件。

（5）调整整个报表，使每个部分都处于适当的位置，使颜色、边框等格式协调一致，增加整体美感。

（6）点击预览按钮预览，检查效果。

（7）保存报表，发布到报表服务器。后期用户可以通过管理平台管理报表文件、设置权限、定义安全性、创建共享、设置订阅、发送电子报表等。

三、财务报表的运用方法

（1）搜集整理财务报表可分析的数据，整理企业往期的财务数据，对财务报表进行初步的研究。

（2）了解企业所处行业环境的经济特征，通过对财务状况的分析，确定财务报表与企业财务性质之间的关系。

（3）分析企业竞争策略，通过对企业竞争策略进行研究和理解，准确地反映出企业的经济状况和经济环境，从而对财务报表的部分项目提出建议。

（4）完成对财务报表的分析，整理财务报表中具有研究价值的分析结果。

（5）得出财务分析结论，最后进行财务分析报告的撰写。

四、财务报表比较分析

可通过财务报表对以下指标进行财务分析，从而帮助企业准确了解经营状况，或深入归纳市场运作规律或发展趋势。

1. 短期偿债能力分析

（1）流动比率 = 流动资产 / 流动负债，标准值为 2，低于标准值，说明企业短期偿债风险较大。

（2）速动比率 =（流动资产 – 存货）/ 流动负债，标准值为 1，低于标准值，说明企业短期偿债能力偏低。

2. 资本结构分析

（1）资产负债率 = $\frac{负债}{资产} \times 100\%$，比率越低（<50%），表明企业的偿债能力越强。

（2）产权比率 = $\frac{负债}{所有者权益（股东权益）}$，标准值为 1.2，比率越高风险越大。

五、成本管控

1. 采购策略分析

采购总成本尤其是设备的总成本是指设备的生命周期成本，价格只是成本中的一部分而不是全部。采购是基于价格动因还是成本动因对应了两种不同的采购策略。企业的战略定位也是影响企业采购策略的因素之一，不同战略类型的企业在采购环节需要关注的重点也是不一样的。产品领先型企业更关心的是产品质量，而成本领先型企业最关键的就是采购成本，因此还需要考虑企业战略与采购成本之间的关系，才可能选择符合企业需要的采购策略。

2. 降低采购成本的方式

（1）业务手段：重点在于供应商的选择，通过招投标进行询价比较，货比三家，选择供应商。

（2）管理手段：重点在于与供应商建立长期、稳定的合作关系，相互信任、紧密协作，成为命运的共同体，这种手段可提高双方采购信息的透明度，降低沟通成本及流程成本。

（3）技术手段：通过对供应商进行成本分析，评估供应商的真实成本，预估供应商利润空间，获得最有利的价格谈判条件。

六、利润最大化

利润最大化是指在完全竞争条件下企业在预定时间内实现最大利润或最小亏损。在这一目标引导下，企业会通过提高业绩、提高效率、降低成本的方法合理配置企业资源。从管理经济学角度出发，当企业业绩使边际收益和边际成本相等时就实现了利润最大化。企业谋求利润最大化是由企业的性质和市场经济的特点决定的。企业是独立的经济组织，是自主经营、自负盈亏的经营实体和竞争主体，这是企业最本质的内涵。企业只有使自己获得的收益大于投入成本，即获得利润，才能生存。一个企业的价值是由它能否获得长期利润以及能否为社会提供持续的产品和服务决定的。企业追求利润最大化也是追求其自身价值的最大化。竞争是市场经济的基本法则，优胜劣汰是其基本规律。企业走向市场，必然要参与市场竞争。在激烈的市场竞争中，只有综合实力强劲的企业才能维护自身的生存和发展。为了在激烈的市场竞争中求生存求发展，企业必须追求利润最大化以不断积累资本，否则就无法在市场竞争中站稳脚跟以及发展壮大。

在企业经营管理中，要实现利润最大化，必须注重了解市场需求、推动技术革新、培养企业人才、降低生产成本、激励员工士气等各个方面。

任务实施

一、工作流程图（见图 5-2-1）

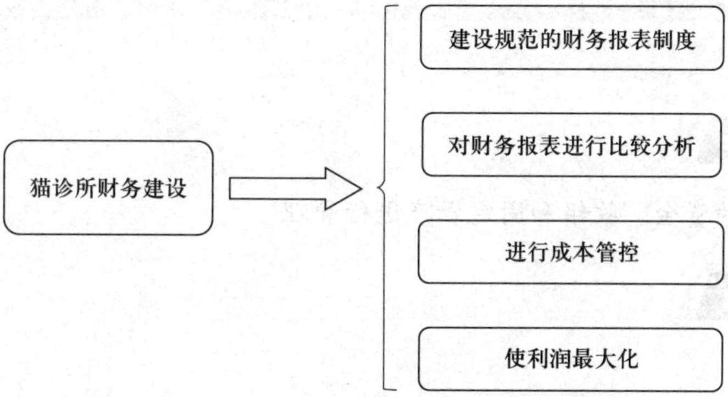

图 5-2-1　工作流程图

二、任务实施过程

步骤 1：建设规范的财务报表制度

建立健全财务报表制度是企业财务管理工作的重要环节，也是不可或缺的财务管理工具。可以从财务报表编制流程、财务报表的形式、财务报表的内容、财务报表的使用等方面制定猫诊所财务报表制度。

步骤 2：对财务报表进行比较分析

根据猫诊所财务报表数据，完成短期偿债能力分析、资本结构分析等，从而得出猫诊所经营总体状况。

步骤 3：进行成本管控

根据猫诊所特点确定采购策略，对供应商进行考核筛选，采用合适的方式降低采购成本。

步骤 4：使利润最大化

在猫诊所经营管理中，通过了解市场需求、推动技术革新、培养企业人才、降低生产成本、激励员工士气等方面，实现利润最大化。

任务拓展

请根据所学内容提出可行的猫诊所成本管控方案，使猫诊所利润最大化。

学习任务 5.3 猫诊所的重点财务工作项目

学习目标

能对猫诊所的资金、收银和固定资产进行管理。

建议学时

4 学时

任务描述

猫诊所在财务工作中存在主次不分，财务工作找不到重点的问题，现需要对猫诊所重点的财务工作项目进行合法合规建设。

任务分析

按照现金管理规定对猫诊所资金进行管理；按照银行账户管理规定对猫诊所收银进

行管理，做好过程记录提高猫诊所成本管理效率；按照固定资产管理规范对猫诊所固定资产进行管理。

相关知识

一、资金管理

1. 范围

猫诊所的资金管理，主要包括拥有或可支配的现金、银行存款、有价证券、金融票据和其他货币资产等。资金管理应遵循以下原则：一是资金集中统一管理原则；二是资金收支预算管理原则；三是量入为出、量力而行原则。

2. 现金、银行存款管理

现金与银行存款是流动性最强的资产，因此现金与银行存款管理也是资金管理的重点对象。

（1）根据《现金管理暂行条例》规定的现金结算范围支付现金。1 000元以上的款项，建议通过银行支付，确需支付大额现金的，经猫诊所负责人批准后支付。

（2）猫诊所库存现金的数额，建议控制在5 000元以内，超过部分存至银行。

（3）现金、银行存款支付必须严格按规定程序办理。

（4）对收付款单据，出纳员在办理完收付款手续后，加盖“现金收讫”“现金付讫”或“转讫”戳记。

（5）各项现金报销截止时间为每月月底，当月各项预支借款必须在月底前到财务部核实并结算。

（6）猫诊所相关负责人每天应将有关收付款收据、发票等及时登记，每笔业务需要核对清楚，保持结余与实际数额相符。

（7）加强银行账户管理，按规定办理存款、取款结算，定期核对银行账户，编制银行存款余额调节表，如果有与银行账户不符情况，应及时查清不符原因。

（8）加强票据、印章和银行预留印鉴的管理，财务专用章及印章应由专人保管，分开存放。做好票据的购入、保管、领用、注销、登记等工作。

（9）有价证券管理视同票据管理，要做好登记、入账等工作。

3. 融资资金管理

（1）猫诊所融资事项由资金使用部门提出申请，根据猫诊所相关规定及程序要求，经董事会或股东大会审议通过后实施。

（2）董事会在股东大会授权范围内，对企业资产抵押、流动资金货款等事项作出决议。

（3）董事会或股东大会决议通过的总体授信范围内的流动资金贷款，由总经理审批。

（4）未经董事会或股东大会批准，猫诊所不得对外担保、抵押。

4. 预算管理

猫诊所为提高经营绩效、配合财务部统筹及灵活运用资金，除编制年度资金预算外，还应逐月编列资金预算表，以达成资金运用的最高效益。

猫诊所资金实施预算管理，业务部门的资金收支是根据年度预算及月度预算进行预算控制与管理的，在月度预算范围内，各部门凡涉及财务付款的业务都应于每月固定日前纳入下月资金支付计划，经猫诊所财务部初审、猫诊所财务负责人复审，汇总呈报猫诊所总经理办公会议或经董事会批准后执行。

预算内的支出，可以根据授权范围，由相关负责人审核批准使用；若有超过预算的支出，应由使用部门提出追加预算计划，经批准后执行。

二、收银管理

1. 收银方式

常用的收银方式主要包括现金、微信、支付宝、银行卡、对公网银等。

2. 流程及注意事项

（1）收款流程

1）收款前向顾客确认金额后再收款，确认收款成功后，向顾客提供收据。

2）现金收款除了清点金额外还要检验钞票真伪。

3）如果顾客需要开发票，应根据发票管理规范操作。

（2）注意事项

1）每天核对收款流水和业绩流水。

2）盘点当天收款的现金，核对各类收款渠道后台数额与报表。

三、固定资产管理

1. 固定资产概念

固定资产是指企业为生产产品、提供劳务、出租或者经营管理而持有的，使用时间超过 12 个月的，达到一定标准的非货币性资产，包括房屋、建筑物、机器、机械、运输工具以及其他生产经营活动有关的设备、器具、工具等。

猫诊所固定资产一般分为大型医疗设备、美容设备、办公设备等。大批单价较低的同类物资，应作为耗材归类（如手术器械）。

2. 固定资产管理规范

（1）固定资产实行归档管理、分级负责、责任到人的管理责任制。贵重仪器、设备要指定专人管理，制定操作规程，建立技术档案和维护保养、交接以及使用情况报告制度。

（2）固定资产实行账卡制，财务部设置固定资产总账及明细账，使用部门建立卡片账，当固定资产到位后，应第一时间在资产空白处贴上固定资产卡片统一标识贴，固定资产总账科目的登记内容及方向要与明细科目的登记内容、记账方向完全一致。要对固定资产进行定期或不定期清点，核对账目，要求账物相符，防止固定资产积压、损坏、变质、被盗等情况发生，积极指导协助有关人员管好、用好固定资产。

（3）财务部门对各种固定资产要切实加强管理，记好明细账，严格执行采购、验收、出入库、调拨、变价、报损、报废等手续。

（4）各部门需要增设固定资产时，均需事先按规定做出计划，完成审批手续方可购置与供应。

（5）凡属固定资产管理的物资，需要无偿调拨或折旧作价处理、报废时，均须报相关领导审批，并以此为凭据进行账务处理。

（6）各部门领用的固定资产不准随意变动，如果确因工作需要在部门之间进行调配时，必须经有关管理部门办理过户手续。对各部门某些不再使用或多余的固定资产，管理部门应予调出，以防止物资财产积压和浪费。

（7）固定资产的管理和使用应纳入部门重要工作的范畴，做到合理使用、完善管理，因玩忽职守或违反规定造成财产损失者，当事人或部门必须立即写出书面报告，述明原因，根据情节轻重按有关规定加以处理，对隐情不报者应严加处罚。

3. 固定资产盘点及折旧

（1）固定资产实行一年一盘点，办公用品一月一盘点，易耗品、药品、商品每周一盘点，发现余缺应及时做出记录，查明原因，提出处理意见，按报批手续报备相关领导批准后进行账面调整。需要追究责任者，按有关制度规定处理。固定资产盘点核对工作流程如图 5-3-1 所示。

（2）固定资产折旧方法。猫诊所可以根据自身情况灵活选择固定资产折旧方法。

1）年限平均法。年限平均法是指将固定资产的应计折旧额均衡地分摊到固定资产预定使用寿命内的一种方法。采用这种方法计算的每期折旧额相等，计算公式如下。

$$\text{年折旧率}=\frac{1-\text{预计净残值率}}{\text{预计使用寿命（年）}}\times 100\%$$

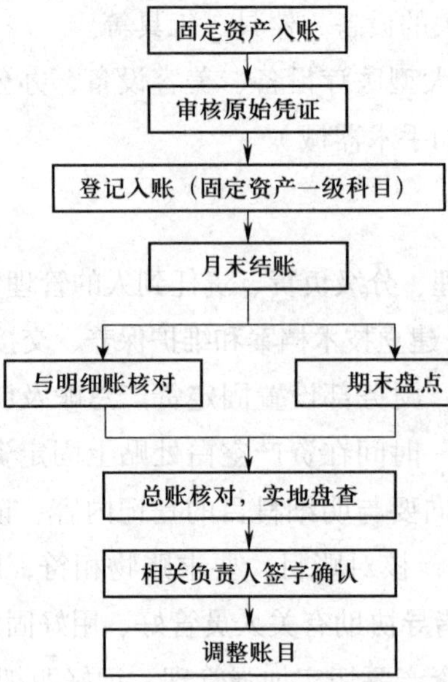

图 5-3-1　固定资产盘点核对工作流程

$$月折旧率=\frac{年折旧率}{12}$$

月折旧额＝固定资产原价 × 月折旧率

2）工作量法。工作量法是根据实际工作量计算每期应提折旧额的一种方法。计算公式如下。

$$单位工作量折旧额=\frac{固定资产原价\times（1-预计净残值率）}{预计总工作量}$$

某项固定资产月折旧额＝该项固定资产当月工作量 × 单位工作量折旧额

3）年数总和法。年数总和法也称合计年限法，是指将固定资产的原价减去预计净残值后的净额，乘以一个以各年年初固定资产尚可使用年限为分子、以预计使用年限逐年数字之和为分母的逐年递减的分数，以此计算每年折旧额的一种方法。计算公式如下。

$$年折旧率=\frac{尚可使用年限}{预计使用年限的年数总和}\times100\%$$

$$预计使用年限的年数总和=n\times\frac{(n+1)}{2}$$

$$月折旧率=\frac{年折旧率}{12}$$

月折旧额＝（固定资产原价 － 预计净残值）× 月折旧率

4）双倍余额递减法。双倍余额递减法是指不考虑固定资产预计净残值的情况下，根据每期期初固定资产原价减去累计折旧后的余额（固定资产净值）和双倍的直线折旧率计算固定资产折旧的一种方法。计算公式如下。

$$年折旧率=\frac{2}{预计使用寿命（年）}\times 100\%$$

$$月折旧率=\frac{年折旧率}{12}$$

月折旧额 = 固定资产净值 × 月折旧率

由于每年年初固定资产净值未扣除预计净残值，因此，在应用这种方法计算折旧额时必须注意不能使固定资产的净值降低到其预计净残值以下，即采用双倍余额递减法计提折旧的固定资产，通常在其折旧年限到期前两年内，将固定资产净值扣除预计净残值后的余额平均分摊。

在实际工作中，企业一般应按月计提固定资产折旧。企业在实际计提固定资产折旧时，当月增加的固定资产当月不提折旧，从下月起计提折旧；当月减少的固定资产，当月照提折旧，从下月起不提折旧。固定资产提足折旧后，不论能否继续使用，均不再计提折旧；提前报废的固定资产，也不再补提折旧。

任务实施

一、工作流程图（见图 5-3-2）

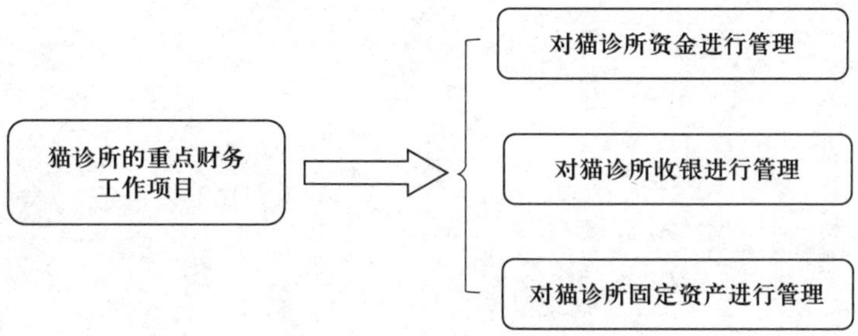

图 5-3-2　工作流程图

二、任务实施过程

步骤 1：对猫诊所资金进行管理

按资金管理规定对猫诊所的现金和银行账户进行管理；按企业资金管理流程，对融资资金进行管理；为提高资金灵活性和有效性，逐年逐月编制资金预算表，做好预算资金管理和资金调度管理。

步骤 2：对猫诊所收银进行管理

按照不同的收银方式进行合法合规的收银操作；根据实际情况做好银行账户登记；严格按照规定做好收银、银行账户、报表和系统的审核核对。

步骤 3：对猫诊所固定资产进行管理

按照固定资产管理规范对猫诊所固定资产进行管理；按照固定资产盘点规定，对猫诊所固定资产进行盘点；按照规定的固定资产折旧方法，对猫诊所固定资产进行折旧管理。

任务拓展

随着猫诊所业务再次扩大，财务流程更加复杂，请进一步细化财务工作流程，对猫诊所资金管理、收银管理、成本管理和固定资产管理的工作流程进行进一步细化。